走进大学
DISCOVER UNIVERSITY

什么是矿业？

WHAT
IS
MINING INDUST

U0244004

万志军　主编

大连理工大学出版社
Dalian University of Technology Press

图书在版编目(CIP)数据

什么是矿业？/万志军主编. -- 大连：大连理工
大学出版社，2021.9(2024.6 重印)
ISBN 978-7-5685-3013-2

Ⅰ.①什… Ⅱ.①万… Ⅲ.①矿业工程－普及读物
Ⅳ.①TD-49

中国版本图书馆 CIP 数据核字(2021)第 074628 号

什么是矿业？ SHENME SHI KUANGYE?

策划编辑：苏克治
责任编辑：王晓历　初　蕾
责任校对：裴美倩　张　泓
封面设计：奇景创意

───────────────────────

出版发行：大连理工大学出版社
　　　　　（地址：大连市软件园路 80 号，邮编：116023）
电　　话：0411-84708842(发行)
　　　　　0411-84708943(邮购)　0411-84701466(传真)
邮　　箱：dutp@dutp.cn
网　　址：https://www.dutp.cn

───────────────────────

印　　刷：辽宁新华印务有限公司
幅面尺寸：139mm×210mm
印　　张：4.75
字　　数：76 千字
版　　次：2021 年 9 月第 1 版
印　　次：2024 年 6 月第 2 次印刷
书　　号：ISBN 978-7-5685-3013-2
定　　价：39.80 元

───────────────────────

本书如有印装质量问题，请与我社发行部联系更换。

出版者序

高考,一年一季,如期而至,举国关注,牵动万家!这里面有莘莘学子的努力拼搏,万千父母的望子成龙,授业恩师的佳音静候。怎么报考,如何选择大学和专业?如愿,学爱结合;或者,带着疑惑,步入大学继续寻找答案。

大学由不同的学科聚合组成,并根据各个学科研究方向的差异,汇聚不同专业的学界英才,具有教书育人、科学研究、服务社会、文化传承等职能。当然,这项探索科学、挑战未知、启迪智慧的事业也期盼无数青年人的加入,吸引着社会各界的关注。

在我国,高中毕业生大都通过高考、双向选择,进入大学的不同专业学习,在校园里开阔眼界,增长知识,提升能力,升华境界。而如何更好地了解大学,认识专业,明晰人生选择,是一个很现实的问题。

为此,我们在社会各界的大力支持下,延请一批由院士领衔、在知名大学工作多年的老师,与我们共同策划、组织编写了"走进大学"丛书。这些老师以科学的角度、专业的眼光、深入浅出的语言,系统化、全景式地阐释和解读了不同学科的学术内涵、专业特点,以及将来的发展方向和社会需求。希望能够以此帮助准备进入大学的同学,让他们满怀信心地再次起航,踏上新的、更高一级的求学之路。同时也为一向关心大学学科建设、关心高教事业发展的读者朋友搭建一个全面涉猎、深入了解的平台。

我们把"走进大学"丛书推荐给大家。

一是即将走进大学,但在专业选择上尚存困惑的高中生朋友。如何选择大学和专业从来都是热门话题,市场上、网络上的各种论述和信息,有些碎片化,有些鸡汤式,难免流于片面,甚至带有功利色彩,真正专业的介绍文字尚不多见。本丛书的作者来自高校一线,他们给出的专业画像具有权威性,可以更好地为大家服务。

二是已经进入大学学习,但对专业尚未形成系统认知的同学。大学的学习是从基础课开始,逐步转入专业基础课和专业课的。在此过程中,同学对所学专业将逐步加深认识,也可能会伴有一些疑惑甚至苦恼。目前很多大学开设了相关专业的导论课,一般需要一个学期完成,再加上面临的学业规划,例如考研、转专业、辅修某个专业等,都需要对相关专业既有宏观了解又有微观检视。本丛书便于系统地识读专业,有助于针对性更强地规划学习目标。

　　三是关心大学学科建设、专业发展的读者。他们也许是大学生朋友的亲朋好友,也许是由于某种原因错过心仪大学或者喜爱专业的中老年人。本丛书文风简朴,语言通俗,必将是大家系统了解大学各专业的一个好的选择。

　　坚持正确的出版导向,多出好的作品,尊重、引导和帮助读者是出版者义不容辞的责任。大连理工大学出版社在做好相关出版服务的基础上,努力拉近高校学者与读者间的距离,尤其在服务一流大学建设的征程中,我们深刻地认识到,大学出版社一定要组织优秀的作者队伍,用心打造培根铸魂、启智增慧的精品出版物,倾尽心力,服务青年学子，服务社会。

"走进大学"丛书是一次大胆的尝试，也是一个有意义的起点。我们将不断努力，砥砺前行，为美好的明天真挚地付出。希望得到读者朋友的理解和支持。

谢谢大家！

2021 年春于大连

前　言

我国是世界上少有的疆域辽阔、成矿地质条件优越、矿种比较齐全、资源总量丰富的国家之一，是世界矿产资源大国。人类工业社会发展的历史，在某种程度上也是矿业领域不断进步的历史。高等学校矿业类专业作为人才培养的摇篮，一直以来对矿业领域的发展都起着至关重要的作用。

在我国由计划经济向市场经济过渡的过程中，矿业活动的秩序发生了本质性变化。我国力争 2030 年前实现碳达峰，2060 年前实现碳中和，是党中央经过深思熟虑做出的重大战略决策，事关中华民族永续发展和构建人类命运共同体。在此背景下，做好矿业知识的普及工作也显得更加重要。

本书的编写目的是普及矿业知识，提高读者对矿业类专业的认识。本书共分为六部分，主要介绍了什么是矿业，矿业的过去、现在与将来，矿业类的学科分支，矿业人才培养，矿业高校，知名矿业企业等内容，可以使读者对矿业类专业有清晰的认识和较为全面的了解。

　　本书是编写团队集体智慧的结晶。具体编写分工如下：中国矿业大学万志军教授负责编写采矿工程和智能采矿工程专业的煤矿开采方向；北京科技大学赵怡晴副教授负责编写采矿工程和智能采矿工程专业的非煤开采方向，以及矿物资源工程专业；中国石油大学（华东）黄维安教授负责编写石油工程和海洋油气工程专业；中国石油大学（华东）刘刚教授负责编写油气储运工程专业；中国矿业大学彭耀丽教授负责编写矿物加工工程专业；中国矿业大学李同欢老师提供了部分素材与资料。全书由万志军统稿并定稿。

　　由于编者水平有限，书中难免出现疏漏之处，诚挚地希望读者提出意见与建议。另外，本书参阅了相关文献和史料，在此谨对相关作者一并表示感谢。

编　者

2021 年 9 月

目　录

家里有矿，心中不慌——什么是矿业？

矿学者，兼地学、化学、工程学三者而有之，
其利甚博，而其事甚难。

——张之洞

国家发展依靠工业，工业发展依靠矿业，那矿业是
什么？

▶▶矿业与财富

除了矿产资源丰富的西部地区之外，中东部的一些
地区也凭借矿业迅速崛起，推动了我国经济的飞速发展。
不仅如此，由于我国矿产资源丰富，种类多样，开发较早，
因而矿业领域的技术手段也较为先进。在全球化的大背

景下，本着构建人类命运共同体的信念，我国各大矿业企业也积极响应"走出去"的号召，和外企交流学习，共同促进矿业技术的发展。所以经常有人会说"家里有矿，心中不慌"，这是因为矿业在财富的舞台上展示出了其亮丽的一面。

矿石和岩石都是由一种或多种矿物所组成的集合体。人们把由地质作用形成的、有经济价值的矿石和岩石称为矿产。从形态来看，矿产可以分为固态、液态和气态三类。

资源通常有广义的资源和狭义的资源之分：广义的资源指人类生存、发展和享受所需要的一切物质的和非物质的要素，如阳光、空气、水、矿产、土壤、植物及动物等；狭义的资源仅指自然资源。联合国环境规划署（UNEP）对资源下的定义为"所谓资源，特别是自然资源，是指在一定时间、地点、条件下能够产生经济价值，以提高人类当前和将来福利的自然环境因素和条件"。我们通常所说的资源或自然资源，实际上指的是资源产品，即原料。

《中国资源科学百科全书》对自然资源下的定义为"人类可以利用的、自然生成的物质和能量"。由此，根据资源的再生性，按利用限度可将资源划分为可再生资源和不可再生资源：可再生资源是指通过比较迅速的自然循环作用或人为作用能为人类反复利用的各种自然资源，如可更新的淡水资源；不可再生资源是指在人类开发利用后，在现阶段不可能再生的自然资源，如煤炭、石油等。

矿产资源是指在地质作用过程中形成并赋存于地壳内（地表或地下）的有用的矿物或物质的集合体，其质和量符合工业要求，并在现有的社会经济和技术条件下能够被开采和利用，呈固态、液态或气态。矿产资源是一种非常重要的不可再生性自然资源，是人类社会赖以生存和发展的不可缺少的物质基础。它既是人们生活资料的重要来源，又是极其重要的社会生产资料。矿产资源是人类社会进步和发展所必需的宝贵财富，并将一直伴随着人类社会不断前进。

▶▶缤纷世界，多彩矿业

矿物按化学成分与化学性质的不同可分为如下几种。

自然元素矿物，即石墨、自然金、自然铜等，这些矿物被广泛应用于电子元件、装饰等领域。

硫化物及其类似化合物矿物，即黄铁矿、黄铜矿等，这些矿物主要应用于炼铁、炼钢等领域。

卤化物矿物，即萤石、石盐等。

氧化物和氢氧化物矿物，即应用于太阳能板等发电设备中的石英石、刚玉等，以及红宝石、蓝宝石等。

含氧盐矿物，即碳酸盐矿物、硅酸盐矿物等。

除了上述矿物，还有一类特殊的矿物——石油和天然气。石油的主要成分是烃类，烃是碳氢化合物的简称，分为饱和烃和不饱和烃。石油中的烃类多是烷烃、环烷烃类饱和烃，而不饱和烃如乙烯、乙炔等，一般只在石油加工过程中才能得到。目前，石油和天然气不仅是重要能源和优质化工原料，也是关系国计民生的重要战略物资。石油和天然气工业是我国国民经济的重要基础产业。

针对不同赋存形式的矿产资源，人类应如何开发呢？矿产资源的开发包含基本的采集、运输、加工、管理等多个环节。矿产资源种类多样，赋存形式多异，从开采到加工利用链条长，从而导致开发方式也多种多样。矿产资源的开发依靠的是矿业类专业所培养的高级工程技术人才。矿业类专业是学科综合度和交叉关联度很高的工科专业,属于多学科、宽口径工程专业,主要培养具有良好科学文化素养和高度社会责任感,掌握矿业工程的基本原理和基本知识,具有扎实的基础理论、宽厚的专业知识、坚实的实践能力以及创新意识和创新能力,能胜任矿业工程及相关领域的教育、科研、设计、生产、管理等工作的工程技术人才。根据不同的开发利用方式,矿业类专业主要分为采矿工程、矿物加工工程、石油工程、油气储运工程4个基本专业,以及矿物资源工程、海洋油气工程、智能采矿工程3个特设专业。

老骥伏枥,志在千里
——矿业的过去、现在与将来

> 盖石油至多,生于地中无穷,不若松木有时
> 而竭。
>
> ——沈括

矿业是人类从事生产劳动的古老领域之一。矿业的发展与矿产资源的开发利用,对人类社会的进步与发展产生了巨大的、无可替代的促进作用。人类历史被划分为旧石器时代、新石器时代、青铜器时代、铁器时代等,这都是以当时人们开发利用的主要矿产种类为特征的。我们的祖先正是在适应自然、认识自然和改造自然的过程中,在发现矿产、认识矿产与开发利用矿产的过程中,促进了社会生产力的发展和人类文明的进步,为今天大规

模的矿业开发打下了一定的基础。不仅如此,矿业还具有与时俱进的特点,时至今日,矿业仍在随着时代的大潮前进。随着几次工业革命推动时代迅速进步,矿业的发展也不断迈向智能化,诸如采矿机器人、智能化采矿等高端科技已经在矿业领域大放异彩。

▶▶家有一老——矿业的地位

矿业是历史悠久的行业,推动了人类社会的进步,创造了丰厚的财富。比如,煤炭的大量利用推动了人类社会从薪柴时代进入煤炭时代,而后进入石油时代。即使是在信息时代,燃煤发电以及矿物转化的各种材料仍然是社会发展的物质基础。

矿产资源是人类赖以生存和发展的物质基础。煤炭被称为工业的粮食,石油被称为工业的血液,金属、非金属建材是工业及建筑的重要原料。我国95%以上的能源和80%以上的工业原料来自矿产资源。

矿业工程学科是研究如何从地球(或其他星球)浅层获取资源,并使其为人类社会所使用的科学与技术,其主要研究对象是自然赋存的、不可再生的地质矿体。为了开采这些资源所进行的一切人类工程活动都属于矿业工程学科的研究范畴。

▶▶ 兼容并包——矿业的分类

矿产资源的种类很多,有多种分类方法,如按矿产的成因和形成条件划分,按矿产的物质组成和结构特点划分,按矿产的产出状态划分,按矿产的特性及其主要用途划分,等等。随着经济发展和生产力水平的提高,矿产资源概念的外延和内涵也在不断扩大,其种类也逐渐增多。因此,可以说矿产资源是"兼容并包"的。一般考虑到用途和类型,可以将矿产资源分为金属矿产资源、非金属矿产资源、能源矿产资源和水气矿产资源。

➡➡ 金属矿产资源

黑色金属包括铁(Fe)、锰(Mn)、钛(Ti)、铬(Cr)等金属种类。

有色金属包括铜(Cu)、铅(Pb)、锌(Zn)、锡(Sn)等金属种类。

稀有金属包括锂(Li)、铯(Cs)、铌(Nb)、钽(Ta)等金属种类。

贵金属包括金(Au)、银(Ag)、铂(Pt)、钯(Pd)等金属种类。

稀土金属包括镧（La）、铈（Ce）、钕（Nd）、钷（Pm）等金属种类。

分散元素包括锗（Ge）、镓（Ga）、铼（Re）、镉（Cd）等金属种类。

➡➡ **非金属矿产资源**

建筑材料包括石材、石膏、石棉、黏土等矿产种类。

化工原料包括石盐、天然碱、芒硝等矿产种类。

化肥原料包括硝石、钾盐、磷灰石等矿产种类。

特殊原料包括金刚石、萤石、水晶等宝石、装饰石类矿物或矿产种类。

➡➡ **能源矿产资源**

化石燃料包括煤、石油、天然气、页岩气等资源种类。

核燃料包括核裂变燃料和核聚变燃料两大资源种类。

地热资源包括热泉、地热异常带（点）等资源种类。

➡➡水气矿产资源

　　水气矿产资源包括地下水、矿泉水、气体二氧化碳、气体硫化氢、氦气和氡气 6 个矿种。

▶▶传承悠久——矿业的发展历程

　　人类对矿业的利用以及矿业工程的发展都随着社会生产力的发展而不断推进，不同种类的矿产资源有着不同的开采方式，各种开采方式都有着悠久的历史传承。

➡➡煤炭、金属矿、非金属矿等固体矿产资源的开采

　　早在 6 000 年以前，我国就已发现煤。17 世纪之前，我国在煤炭开采技术与管理等许多方面都处于国际领先地位(图 1)。在周朝，我国的金属矿床开采已有相当发展；西汉末年，能用浸析法采铜；在唐朝，发明了黑色火药；在元朝，有了 250 米深的盐矿井；在明朝，已采用热力爆破法开采汞矿。

　　13 世纪初，黑色火药传入欧洲，人们用凿岩爆破落矿取代了人工挖掘，这是采矿技术发展的一个里程碑。18 世纪英国工业革命之后，蒸汽机被应用于采矿，开启了矿山机械化作业。19 世纪末至 20 世纪初，炸药、雷管、导火

索、风动凿岩机具、电铲、电机车和电动提升、排水与通风设备被相继发明和推广应用。20 世纪，各种矿山生产设备不断完善，形成了各种矿井开拓和采矿方法，以及矿山压力、岩石破碎、矿山安全与采矿系统工程等理论和概念。计算机及机电控制系统在矿井开采中被大量使用，形成了高产高效的现代化采矿技术与采矿理论。

图 1 《天工开物》中的南方挖煤图

煤炭的开采方法主要有两类，即露天开采与地下开采。

露天开采方法主要适用于浅层的厚及巨厚煤层。随着科学技术的发展，露天开采实现了设备大型化、高度机械化与自动化作业，实现了生产率高、产量大等经济技术指标。

地下开采方法包括柱式采煤法与壁式采煤法。柱式采煤法以短工作面为标志。美国采用连续式采煤机和自行式锚杆机，使柱式采煤法实现了全面机械化，但煤炭回采率较低，一般为60%左右。壁式采煤法以长工作面，甚至超长工作面为标志，采用综合机械化采煤工艺(图2)。我国综采工作面长度一般在150米以上，最长达400米，最大采高达8.8米，工作面单产达300万～1 500万吨/年，创造了多项世界纪录，整体达到世界先进水平，一些指标达到世界领先水平。工作面液压支架工作阻力达8 000千牛以上，高的超过20 000千牛，高阻力、高可靠性液压支架形成了"井下钢铁长城"，有效地避免了顶板事故的发生。放顶煤采煤法是在壁式采煤法的基础上发展形成的，并在20世纪90年代中期迅速发展，成为我国开采5米以上厚煤层的主要方法，工作面年产量达600万吨以上。

图 2 　煤矿综采工作面

　　针对河流、建筑物和铁路下开采的特殊条件,我国应用了控制地面沉陷的"三下"采煤法,如条带式采煤法等。

　　针对采场顶板控制与巷道变形控制,我国形成了成熟的矿山压力与控制理论:长壁采场的顶板岩体结构形式的砌体梁与传递岩梁理论,采场压力与顶板变形破坏的监测方法与理论;各种采煤方法下的支护方式与支护参数选择的理论;露天边坡的稳定性理论,包括边坡安息角的合理选择、边坡稳定性监测与加固技术等。

　　在巷道围岩控制方面,我国形成了巷道布置、应力分布与变形控制的理论与支护技术,先后研发了适应不同条件的巷道金属支架的架型、软岩支护形式、锚喷支护技术与支护质量监测技术等,有效地满足了我国煤炭开采的需要。

金属矿的开采方法分为地下开采、露天开采、海洋开采和特殊开采。

金属矿的地下开采可以采用空场法、崩落法或充填法的房柱式开采体系。破岩方式以凿岩爆破为主，形成了大范围崩落矿体后，集中放矿，采下矿石，将矿石运输到地面，并分别采取留永久矿柱、崩落矿柱或充填矿房的方法处理采空区。

金属矿的露天开采与煤炭的露天开采近似，而现代大型机械化装载、运输和爆破作业的连续化生产使金属矿的露天开采真正实现了大规模集约化高效生产，露天边坡角优化、边坡稳定性监测与加固技术都已十分成熟。图 3 为金属矿山液压采矿钻车作业。

图 3　金属矿山液压采矿钻车作业

14

金属矿的海洋开采重点研究海洋采矿用新材料、智能采矿系统、海洋环境科学与采矿基础、地理分布与资源评价勘探及开发技术等。

金属矿的特殊开采包括浸出、熔融、溶解和气化，深部开采，露天与地下联合开采等。浸出开采中的原位溶浸采矿法是根据某些化学溶剂及微生物对相应金属矿物具有溶解作用的特性，有选择地溶解浸出矿体中的有用组分的一种采矿方法。该方法通过钻孔及压裂工艺，将溶浸液注入原位矿体，待矿体溶解后再将溶解液抽取到地面，在铀矿和部分铜矿的开采中已有很好的应用，并已形成一定的理论与技术。这种技术也可与地下采矿法联合使用，形成就地溶浸技术，可以达到无废开采等环保效果。

非金属矿的种类繁多，除石灰石、石膏、岩盐、磷灰石等矿床规模较大外，多数矿种的矿床规模相对较小，主要采用露天开采或地下开采，与其他固体矿床的开采方法基本相同。饰面石材（如花岗岩、大理岩、板岩）和晶体矿物（如冰洲石、水晶、云母、石棉等）要保护石材荒料或晶体，须进行保护性开采，如巷道开挖，支护，供水、供电与通风等，这是非金属矿有别于煤炭和金属矿开采的特色。在盐类矿床水溶开采方面，国内外形成了单井油垫建槽水溶开采、双井定向对接井等双井连通水溶开采与群井致裂控制水溶开采等开采方法与技术。

近几十年来，地下资源，特别是固体矿产资源的大面积开采诱发了环境灾害，大面积地表的不均匀沉降导致村庄、城市、铁路、公路损害，以及地下水资源破坏等。我国现在正开展减沉、注浆充填与地表复垦方面的大规模研究工作与工程实施。

与固体矿床地下开采和露天开采相对应的基础学科——岩石力学也在迅速发展。在材料力学的基础上，岩石力学于1963年形成独立的学科。刚性试验机、围压三轴仪、真三轴仪、高温高压三轴试验机和流变试验机的成功研制与应用揭示出岩石完全不同于其他材料的力学特性，形成了岩石的本构理论与强度准则。

通过大量岩体工程的原位监测与原位岩体特性试验，岩体力学及岩体结构力学形成了有限元、离散元及非均质、多相介质多场耦合作用等理论与计算方法，并结合资源开采的采场上覆岩体结构力学、软岩与锚杆支护理论、现代系统科学理论、非线性科学理论与矿山岩石力学，形成了分形岩石力学、岩石损伤断裂力学与智能岩石力学等，有效地推进了地下及露天开采工程的技术进步。

20世纪40年代,贝尔实验室提出了系统工程的概念。1952年,美国麻省理工学院开始了系统工程学的教学。1955年,系统工程的概念开始应用于采矿工程领域。我国于20世纪50年代末期提出采矿系统工程学。它是根据采矿工程的内在规律与基本原理,以系统论、现代数学方法及计算机协调研究和解决采矿工程综合优化问题的采矿工程的学科分支,已形成了矿山设计与规划、矿山生产工艺系统和管理系统的学科内容,具体可划分为矿山地质系统(含地测数据处理子系统、矿山品位估计子系统、储量计算与矿产资源评价子系统)、矿山规划与设计系统(含产量与产品子系统、开采设计子系统、投资效果分析子系统)、矿山生产工艺系统(含开采工艺及设备选择子系统、工艺综合协调与单项作业优化子系统)和矿山管理系统(含管理信息子系统、生产过程监控子系统、生产安全与项目施工管理子系统),在矿山设计与生产中发挥着重要作用。

➡➡石油工程的发展历程

我国是世界上最早发现和利用石油的国家之一。东汉班固所著《汉书》中记载了"高奴县有洧水可燃"。高奴县位于今陕西省延长县附近。西晋《博物志》记载了"甘

肃酒泉延寿县南山出泉水""水有肥,如肉汁,取著器中,
始黄后黑,如凝膏,燃极明,与膏无异,膏与水碓缸甚佳,
彼方人谓之石漆"。北宋的沈括在《梦溪笔谈》中,首次把
这种天然矿物称为"石油",指出"石油至多,生于地中无
穷"。他试着用原油燃烧生成的煤烟制墨,"黑光如漆,松
墨不及也"。沈括预言"此物后必大行于世"。

20 世纪 30 年代,玉门油田是我国油田开发工作的起
步。1955 年,我国勘探发现了克拉玛依油田之后,陆续发
现了大庆油田、胜利油田、辽河油田等,并进行了大规模
的开采,研发了先进的石油开采技术(图 4)。

图 4 采油机作业

经过八十多年的勘探开发，我国已在中西部地区形成陕甘宁、川渝、青海和新疆四大气区，在东部地区形成以伴生气为主的气区，远景储量为 38 万亿立方米，折算可采储量为 13 万亿立方米。我国的煤层气资源量为 36.8 万亿立方米，其主要成分是甲烷，是与煤固体资源伴生与共生的一种非常规气源。

人类的钻井活动已有三千多年的历史，经历了人工掘井、人工冲击钻、机械冲击钻和旋转钻井四个阶段。1303 年以前，在陕北已钻成了油井。四川省自贡市是我国古代钻井科技的发祥地之一，1835 年钻成当时世界上最深的燊海井，井深达 1 001.42 米。我国的钻井技术传到西方后，启迪西方创造了以蒸汽机为动力的绳索冲击钻井方法，并促使旋转钻井方法于 1863 年诞生。在此之前，世界上的深井基本上是采用中国人创造的方法打成的。在旋转钻井领域，以美国为代表的西方发达国家一直处于领先地位。1973 年，聚晶金刚石复合片钻头出现。20 世纪 80 年代，随钻测量仪器、可控井下马达、水平钻井技术相继出现。20 世纪 90 年代，大位移井和复杂结构井钻井技术、连续管技术出现，油气钻井技术日新月异，高温高压井、深井、超深井、特殊工艺井及自动化钻井为适应市场需求而迅速发展。

油气开采主要是围绕提高油气采收率的技术而发展的,包括试井技术(射孔技术、地层测试技术)、压裂技术(压裂液技术、支撑剂技术、重复压裂技术)、气体混相驱替技术(CO_2驱替技术、烃类气体驱替技术、氮气驱替技术)、复合驱替技术、微生物采油技术、热力采油技术(蒸汽驱替技术、火烧油层技术)、物理法采油技术(超声波技术、振动技术、电动力学方法)、特殊工艺井技术(水平井、多分支井)等。针对不同类型的油气储层,特别是低渗透油层和后期开采油层,上述技术取得了一定的效果,但油气采收率至今不足 40％,这是世界科学界与工程界亟须攻克的难题。

➡➡油气储运工程的发展历程

　　油气储运工程是研究油气和城市燃气储存、运输及管理的一门交叉性高新技术学科。油气集输和储运技术是随着油气开采应运而生的。早在我国汉代,蜀中人民就以当地盛产的竹子为原料,去节打通,外用麻布缠绕涂以桐油,连接成"笕",就是我们现今铺设的输气管道。19 世纪中叶以后,四川地区专门从事管道建设的工人有一万多人。在当时的自流井地区,绵延交织的管道翻越丘陵,穿过沟涧,形成输气网络,使天然气的应用从井的附近延伸到远距离的盐灶，推动了气田的开发，使当时的天然气年产达到七千多万立方米。

现代输气管道发源于美国。1886 年，美国建成了世界上第一条工业规模的长距离输气管道。自 20 世纪 60 年代以来，全球天然气管道建设发展迅速。在北美洲及欧洲，天然气管道已连接成地区性、全国性乃至跨国性的大型供气系统。最早的一条原油输送管道，是美国于 1865 年在宾夕法尼亚州修建的一条管径为 50 毫米，长度为 9 756 米，从油田输送原油到火车站的管道。但油气管道运输是从电弧焊技术问世以及无缝钢管的应用才开始发展并初具规模的。

第二次世界大战以后，管道运输有了较大的发展。世界上比较著名的大型输油管道系统有苏联的"友谊"输油管道、沙特阿拉伯的东西石油管道、美国的阿拉斯加原油管道和科洛尼尔成品油管道等。

我国于 1958 年建成了第一条长距离输油管道，即克拉玛依—独山子输油管道，其全长为 147 千米，管径为 159～168 毫米。20 世纪 60 年代以后，随着大庆、胜利、华北、中原等油田的开发，我国兴建了贯穿东北、华北、华东地区的原油管道网。东北地区的大庆—铁岭（复线）、铁岭—大连、铁岭—秦皇岛 4 条干线管径均为 720 毫米，总长为 2 181 千米，形成了从大庆到秦皇岛和大庆到大连的两大输油动脉，年输油能力为 4 000 万吨。

▶▶老兵新传——矿业的未来

矿业作为一个历史悠久的行业，在人类社会的发展过程中发挥了不可替代的作用。近年来，信息技术、工业制造、新能源等行业飞速发展，逐渐登上主流舞台，矿业作为工业社会发展队伍的一个老兵，它的未来在哪里呢？

➡➡智能采矿现状及趋势

智能采矿的概念是在数字矿山技术发展的基础上提出来的。矿山数字化的研究始于 20 世纪 60 年代，当时主要用于矿山通风复杂网络解算和露天矿最终境界确定。20 世纪 80 年代，矿山数字化和信息化的发展步伐加快，其作为数值计算与模拟的辅助工具被应用于采矿技术和矿山管理。其后，矿山智能化的研究多服务于单台矿山设备的操作与自动控制，而矿山信息化与智能化的研究在较长时间里处于独立的并行发展状态，直至 20 世纪末，才开始从整体上探索矿山信息化与智能化，并逐渐确定了智能采矿这一未来矿业目标，从而步入了智能采矿研究的新阶段。

矿山数字化是实现信息化与智能化的基础环境,信息化与智能化是实现智能采矿的创新过程,而智能采矿是矿山数字化、信息化与智能化发展和追求的最终目标。矿山数字化、信息化与智能化三者的关系是在智能采矿发展过程中相互渗透、相互融合的有机整体。

实现智能采矿的核心内涵是建设集资源、设计、生产、安全及管理等功能于一体的矿山综合信息平台;研发(或引进)自动定位和导航系统,遥控全自动高效采、掘、运等成套设备,以及地下矿山无线通信系统等;研究与智能采、掘设备相适应的集约化开采系统和以矿段为回采单元的、规模化的采矿技术工艺。

智能采矿发展在我国是一个渐进的过程,是矿业科技的重要研究方向之一。当前,矿业企业、科研院所都已经开始积极探索智能采矿。未来,智能采矿将会朝着以下几个方面不断发展。

采矿作业室内化:工人将远离深井高温、岩爆、瓦斯突出等危险环境,极大地改善作业条件,将矿业逐步变为本质安全性行业。

老骥伏枥,志在千里——矿业的过去、现在与将来生产过程遥控化：减少艰苦劳动岗位和井下作业工人数量，大幅提高井下劳动生产率，降低井下通风、降温等成本费用。

矿床开采规模化：信息化、智能化程度高，采矿作业相对集中，产能大幅提升，成本下降，低品位矿床将得以充分利用。

技术队伍知识化：工人向知识型过渡，素质大幅提高，队伍结构和待遇大大改善，工人的社会地位将发生根本改变。

矿业开采全面升级：行业实现跨越式发展，改变艰苦行业、高危行业的环境条件，带动机械、信息等产业链的延伸和发展。

在 21 世纪，世界已经进入全球化的知识经济时代，我国将再次走到世界的前列。矿业工程是一个系统工程，智能采矿的发展离不开矿业工程的专业人才。知识是知识经济时代的第一生产要素。为适应智能采矿的发展形势，我国需要培养高端人才。智能采矿人才培养应着眼于发掘一批可以在采矿工程及其智能化领域从事工程设计与施工、生产与技术管理、开发研究等相关工作的复合型人才。为使采矿工程专业能够突破以固体矿床开采为主的传统开采工艺,拓宽矿产资源的智能开发,我们应在课程设置上引入云计算、大数据、物联网和人工智能等新知识,在教学环节中突出矿山智能采掘技术、矿山压力与环境智能监测等专业知识,同时拓展到深地开采、共伴生资源开采、新能源开采等新领域。

当前,我国部分高校已经开始了智能采矿专业建设的探索。2018年9月,中国矿业大学依托矿业工程学院采矿工程系开展了智能采矿人才培养的探索,设立了采矿工程专业(智能采矿方向)并制订了专门的培养方案。2018年10月,中国矿业大学"智能采矿人才培养"高端论坛在矿业工程学院报告厅举行,来自美国西弗吉尼亚大学、北京大学、中国矿业大学(北京)、中南大学、重庆大学等三十余所高校及科研院所和国家能源集团、中国煤炭科工集团有限公司、腾讯科技(深圳)有限公司等二十余家企业的近百位知名专家和代表参加论坛。论坛围绕智能采矿人才培养,就人才定位、培养目标、知识结构、建设方式、政策环境等达成框架性共识。

国内其他高校也随之开展了智能采矿工程人才培养

老骥伏枥,志在千里——矿业的过去、现在与将来的探索。2018年12月,北京科技大学成立智能采矿创新班。2020年,河南理工大学首次开设采矿工程专业(智能采矿方向)。2021年,教育部在对普通高等学校本科专业目录更新时增设了智能采矿工程专业。中国矿业大学(北京)和安徽理工大学获批增设智能采矿工程专业。

随着工业智能化的脚步不断前进,选煤过程也逐步产生了许多智能化技术,如煤研分选智能化技术、重介质旋流器智能化技术、粗煤泥分选智能化技术和浮选过程智能化技术等。基于5G网络通信技术的进步,选煤智能化技术也有了很大的提升。低延时、大带宽、高稳定性都为智能化技术提供了良好的网络基础,一些新的设备与技术得以快速投入使用并发挥作用。由贵州盘江煤电集团有限责任公司牵头,中国移动通信集团贵州有限公司与成都安尔法智控科技有限公司共同合作,打造出的全球首个5G＋智能化选煤厂项目已于2019年底落地,这标志着选煤行业走上了5G＋智能化的新道路。

智能采矿需要大量的智能装备,下面一起了解一下我国当前的新型采矿装备吧。

长沙矿山研究院有限责任公司研制的CSY50B小型

智能采矿台车(图5)具有完全自主知识产权,打破了国外的技术垄断,填补了我国小型智能化采矿凿岩装备的空白。

图5　CSY50B小型智能采矿台车

当矿山企业采用无人驾驶技术时,一方面可以节约生产成本,另一方面也有助于提高露天开采的经济效益。当前,露天开采所用无人驾驶车辆(图6)能模拟出较好的司机驾车水平,不仅可以降低整个矿山车辆的故障率,而且车辆的油耗也会大幅下降,同时还能显著提高整个矿山车辆的出勤率。据数据显示,与人工驾驶相比,无人驾驶可以使总体成本降低15%,每辆车每年可以多工作500小时。

图 6　露天开采所用无人驾驶车辆

当前,我国已经有七十多个采煤工作面安装了智能化综采装备和智能控制系统,煤矿智能化建设正在加快推进中。

→→太空采矿现状及趋势

石油、天然气及煤炭是世界能源供给及消费的三大支柱,共占一次能源消费的 85％ 以上。根据 2019 年《BP 世界能源统计年鉴》(*BP Statistical Review of World Energy*),三种能源储量分别仅够维持 50.0 年、50.9 年及 132.0 年的全球消费。同时,据联合国人口基金会 (United Nations Population Fund)预测,到 2050 年世界人口将增加 20 亿,能源需求量日益增加。此外,地球上的黑色金属、稀有金属及贵金属等矿产资源也是有限的,随着开采强度及需求量的日益增加,这些矿产资源也将面临枯竭。著名的英国物理学家霍金曾预言："在未来一百年内，人类为生存必须离开地球，去太空寻求新的家园。"

地球之外的资源极其丰富，可利用的资源比地球上的要多得多。仅就太阳系而言，月球、火星、小行星等天体上都具有丰富的矿产资源。类木行星和彗星上有丰富的氢能资源，行星空间有真空资源、辐射资源及大温差资源等。为了破解地球矿产资源在未来枯竭的难题，开发与利用丰富的太空资源势在必行，太空采矿应运而生。

太空采矿是指综合利用空间科学与技术（包括空间信息科学），采矿学、行星学、天体力学、天体物理学、地质工程学等理论与方法，研究与矿产资源、轨道资源、太阳资源等太空资源开发与利用相关的，从近地到深空、从表层到深部的定位定向，资源评估，全息勘探，无人开采，智能分选和原位资源利用的科学。目前有关太空采矿的研究仍处于基础阶段，但是人类进行了半个多世纪的深空探测，积累了较为丰富的资料及前期技术，其中部分技术经过改进、深化，未来可用于太空采矿，例如，资源勘查、钻孔技术及原位资源利用等主要太空采矿技术。

因地球矿产资源将逐渐无法满足人类日益增长的需求，太空采矿得到了越来越多的关注，且近年来在各国政府、私人企业、科研院所等方面的支持下，太空采矿迎来了前所未有的发展机遇。我国在太空采矿方面起步较晚。中国矿业大学依托"双一流"学科建设，成立了国内首个太空采矿国际研究中心，设立了中国矿业大学"双一流"建设自主创新专项项目——太空采矿，旨在依托中国矿业大学在采矿、测绘、矿物加工、矿山地质、矿业安全、空间信息等方面的优势，开展太空导航基准遥测、太空采矿智能装备、太空资源勘探与采选、太空采矿空间安全以及太空资源综合利用等方面的探索性研究。

目前，微重力选矿等前瞻性的技术研究已在地面实验室中开展。微重力选矿，顾名思义是在模拟行星表面失重的作业环境下进行的一种探索和尝试。例如，微重力下金属与硅酸盐的分离实验、微重力条件下单分散悬浮液的产生与控制实验等。

太空采矿对于很多人来说，是一件看起来非常科幻的事情，其实这件事比大家想象中的离我们近多了。

太空采矿有两种方法：

其一，直接去比较大的小行星（直径为几百米，甚至几千米的小行星），在小行星低重力环境下开采重金属矿产资源，这是大家通常想象当中的小行星采矿。

其二，改变小行星的轨道，直接把它"带回来"，比如拉到地球同步轨道上，或者在地月协同情况下进行开采，为地球所用。

2021 年 4 月，起源太空 NEO-01 航天器搭载长征六号运载火箭成功发射升空。这是我国成功发射的第一个太空商业采矿机器人。NEO-01 航天器具有验证和展示飞行器轨道机动、模拟小天体捕获控制、智能飞行器控制等多个功能。其上天的任务之一就是在太空中初步验证未来小行星采矿技术的可行性，以及完成清理太空垃圾的能力展示，为后续真实采矿做准备。此次发射的 NEO-01 航天器会在太空捕捉一个小行星的模拟目标，真正实现了太空资源行业的从零到一。

➡➡ 石油工程的未来

随着全球信息技术的不断发展，企业必须不断提升信息化管理水平，从数字油田向智慧油田发展，这是世界石油

老骥伏枥，志在千里——矿业的过去、现在与将来

行业信息技术管理发展的必然趋势。根据国际能源署(IEA)的预测,数字技术的大规模应用,能够让油气生产成本减少10%~20%,让全球油气资源的可采储量增加5%。

智慧油田是在数字油田的基础上,通过实时监测、实时数据自动采集、实时分析解释、实时决策与优化的闭环管理,将油田上游勘探、开发、油井生产管理、工程技术服务、集输储运、生产保障等各业务领域的油气藏、油气井、数据等资产,有机地统一在一个价值链中,实现数据知识共享化、生产流程自动化、科研工作协同化、系统应用一体化、生产指挥可视化和分析决策科学化,提高生产决策的及时性和准确性,达到节约投资与运行成本的目的。

✢✢✢ 智能钻井

钻井过程中最大的需求是降本提效,而其中最为关键的是提升钻速(ROP)。以往专家会通过后台调取井口采集到的数据(包含泵压、泵冲、扭矩等50多个参数),根据个人经验进行判断以达到帮助地下钻进规避风险的目的。这种根据个人经验构建公式的传统方式,不仅需要花费大量时间调整参数适配模型,而且在多数情况下,公式无法适用于新环境,需要重新进行调参。大数据、人工智能技术的出现很好地解决了这样的问题。钻井场景会产生大量的数据，基于业务流程构建了综合井口实时采集数据(秒数据)、钻头钻具数据、钻井液数据及地层数据的一个大数据体，而后通过机器学习算法分析这些数据要素与最终钻速之间的关系，从而获得最优钻速的预测。最后，根据钻速预测模型，再反向提出钻井参数优化的选项和量化数值。人工智能技术可用于寻找参数之间的潜在关系，基于不可变因素，调整可变因素，在保证安全的前提下加快地下钻井速度，从而降低钻井的时间成本，提高效率，也能快速适用于不同环境。

❖❖ 智能开采

石油开采过程中的生产优化问题是提高采收率的一个关键问题。生产优化是指优化油藏生产过程中井网井位、调整措施和三次采油的开发方式，在成本最小化的同时使油藏采收率最大化，属于调控变量多、非线性强、约束复杂的优化问题，优化速度和精度是其关键所在。传统方法已不适用于当前复杂的工程环境，基于机器学习的生产优化方法已初步应用于油藏生产优化领域。智能开采利用机器学习方法，建立油藏知识库中源油藏与目标油藏的映射关系，考虑油藏属性的差异，通过特征选择

老骥伏枥，志在千里——矿业的过去、现在与将来

找准敏感因素,构建基于迁移学习的油藏物性分析方法;利用图学习将油藏数百口井的不同时间窗口生产曲线的图形有效关联,学习注采井时间序列信号之间潜在的关联特性,分析关键影响因素,建立基于图学习的井间连通性分析与生产动态预测方法;将油藏流动机制和深度卷积神经网络相融合,研究具有物理意义的深度卷积神经网络剩余油描述方法。

❖❖海洋油气工厂

为提高海洋油气的生产效率,必须建立海洋油气生产、炼化、储集、卸装的一体化技术和装备——FPSO（Floating，Production，Storage and Offloading）。海洋油气工厂集生产处理、储存外输及生活、动力供应于一体,要求在炼化生产全过程中应用智能化技术,以达到提高生产效率、降低生产成本、有效提升竞争力的目标。海洋油气工厂以生产管控一体化优化为主线,研发内容涉及过程控制模型、机理模型和大数据驱动模型,并开发以专家库、知识库、规则库等为核心的计划—调度—操作一体化优化技术,该技术将设备运行的故障诊断、预知性维修以及能源利用的实时闭环优化等与生产运行优化充分集成,实现安全环保及用能成本最小化条件下的原料采购、计划调度、生产制造、产品入库、物流配送全过程智能优化。同时,海洋油气工厂以自主学习和智能预测为最终目标,研发适用于复杂炼化生产过程的智能学习与预测系统,搭建的系统应融合机理模型、数据科学和专家经验,并借助人工智能技术实现知识的自动获取、学习、推演、应用和改进。海洋油气工厂应配备专业水平较高的工作人员,根据工厂的功能设计、运行模式等,逐步培养能够适应生产过程优化智能化、供应链优化智能化、资产全生命周期管理智能化等的专业技术人才,确保工厂智能化后的高效运行。

开发矿业，驱动世界——矿业类的学科分支

> 凿开混沌得乌金，藏蓄阳和意最深。
>
> ——于谦

矿业类从学科来说属于工学门类，分为矿业工程和石油与天然气工程两个一级学科。

▶▶ 矿业工程

矿业工程学科是以矿物资源的安全、高效、环境友好地开采及矿物资源有效加工和利用为目的的应用性基础学科。矿业工程学科的研究内容广泛，各分支研究对象迥异，研究方法也不尽相同，既存在共性规律，又有各自的规律。

36

应用性是矿业工程学科最为显著的特点。复杂性是矿业工程学科的第二个特点。矿业工程学科的研究对象是以地质体为主的自然物质系统。与对人工设计的工业系统的了解不同,对于地学系统的复杂性,人类到目前为止尚不能完全认知。研究对象的多尺度性与耦合性是矿业工程学科的第三个特点,既包括岩石介质中微纳尺度的吸附、解吸问题,又包括细观尺度的流体运移、裂纹扩展及岩石损伤问题,还包括宏观尺度的岩体变形、破坏与流体运动问题等。特别是在深部工程中,流体运移、岩体变形以及由温度场产生的物理化学反应过程是高度耦合的。学科的交叉性是矿业工程学科的突出特点。矿业工程学科重要的基础理论之一是开采岩体力学,主要研究对象是矿山工程力与地质体的相互作用;因此,多相、多场的相互作用产生了多种多样的变形与破坏规律。

矿业工程一级学科的采矿工程、矿物加工工程两个二级学科之间存在相互依赖、共同发展的内在联系。矿产资源一般要经过开采和洗选加工,才能成为冶金、能源、化工、建材等行业的原料。矿业工程学科的发展对国民经济建设和社会发展极为重要,并将不断推动和促进国民经济的可持续协调发展。

➡️➡️**到底采什么矿——采矿工程**

采矿工程的研究方向如下。

煤炭开采：我国煤炭开采学科多年来一直围绕安全、高效、高回收率、绿色开采的目标进行研究和科技攻关，已经形成的具有中国特色的科技成果有厚及特厚煤层开采理论与技术、中厚及以下煤层开采理论与技术、绿色开采理论与技术、"三下"采煤与充填开采、矿山压力与岩层控制技术等。

金属矿开采：金属矿开采始终以提高采矿效率、实现深部开采、发展绿色开采技术、研发高难采矿体的实用采矿方法等为重点发展方向，近年来已经得到了长足的进步和发展。当前我国金属矿开采的科技成果有大规模崩落采矿、深井大规模充填开采、低品位矿床溶浸采矿、安全高效智能采矿、露天转地下开采等。

露天开采：露天开采具有安全、高效、作业条件好等优点，但是对矿产资源的埋藏条件要求较高。露天开采通常需要注意矿岩松碎、边坡与排土场的稳定、生产调度组织、大面积排土场的复垦与治理等问题，其中边坡稳定问题是露天开采最重要的研究课题。近年来，我国的矿山边坡研究领域不同方向的发展水平不一，其主要研究方向包括矿山边坡灾变模式与机理研究、矿区边坡灾变时空演化规律研究、岩质边坡稳定分析的数值分析方法、可靠性分析、边坡稳定三维计算、矿山边坡灾变信息采集与预警等。

石油与天然气开采：石油与天然气开采是面向国家石油和天然气等战略资源高效开发重大需求，围绕油气资源的钻探、开采而实施的知识、技术和资金密集型系统工程，是油气勘探开发的核心业务，包括钻井、完井、油藏及生产等基本工程环节，形成了复杂油气井力学与控制工程、井筒多相流理论与控压技术、油气藏渗流理论与开发技术、油田化学与提高采收率技术、油气管道输送与储存储备技术等优势学科方向，并在深水深地油气、非常规油气以及新能源高效开发、智能油气田等新兴方向取得了重要进展。

如果大家对采矿工程还很陌生，不如一起回顾一下2019年的一部经典电影《流浪地球》，来看看采矿工程在"流浪地球计划"中发挥的重要作用。

首先，建设推动地球的巨大的行星发动机需要牢固的地基基础。而这种宏大的工程，一方面需要巨大的土方剥离(露天开采)，另一方面也需要很深、很粗的桩基硐室(竖井开挖)。

其次，行星发动机建好后，其运行需要巨大的能量支撑。这些能源矿产的供给当然需要采矿工业体系的积极助力。此外，地球上有数百个比山头还高的发动机，光是地球的资源储量恐怕远远达不到其能源消耗的要求，可能还需要人类去小行星进行太空采矿才能保障地球飞离太阳系。

最后，"流浪地球计划"的最终目的还是保障人类生存，而在计划实施期间，人类庇护所——地下城的建设，更是离不开井巷工程的发展。在这方面，我国发达的井巷工程建设经验就是最强的技术支撑。图7为我国最大的井巷工程煤矿——神东大柳塔煤矿。

图 7　神东大柳塔煤矿

经过多年的勘探开采,我国浅部矿产资源逐年减少。矿产资源,特别是金属矿产资源开采正向深部全面推进,一些金属矿山将逐步由千米以内向 1 500 米及以上深井发展。因此,随着高新科技的发展,矿业技术不断革新,在传统采矿技术的基础上,深地开采、智能采矿等技术及装备需要源源不断的人才来突破与创造。

智能矿山是工业化与信息化的有机结合和新的发展阶段,是"互联网＋矿山"的本质体现,其终极目标是实现无人采矿。智能矿山采用人工智能、物联网、云计算、大数据、地理信息技术(RS、GIS、GNSS)、虚拟现实技术(VR)、智能机器人、轨道交通技术、无线通信技术、自动控制、计算机软件、移动互联网、高端装备制造等高新技术,应用于矿山生产各个作业环节,实现矿山全流程、全生命周期的数字化与智能化。

我国正处在从矿业大国向矿业强国转变的重要历史时期,深地矿床智能采矿是现代矿业的高端研究领域,目前面临着种种挑战,构建非传统的"深地"开采模式,寻求智能采矿技术的新突破,也是当代矿业工作者的重大使命。

➡➡**点石成金——矿物加工工程**

矿物加工工程是研究矿物分离的一门应用技术学科。学科目的是将有用矿物和脉石（无用）矿物分离。例如，将铁、铜、铅、锌矿石中含有的石英等脉石矿物，通过重选、磁选、浮选、化学选、生物选等方法，将品位较低的原矿富集为人造富矿，为进行下一步的冶炼工作做准备。煤炭行业常用重选和浮选的办法选出精煤。随着我国科学技术与环境保护的可持续发展，现阶段矿物加工工程已延伸为主要研究矿产资源和二次资源高效加工及清洁利用的理论、技术及装备。

该专业学生主要学习数学、物理、化学、力学、矿物学、选矿学、机械工程、资源综合利用等方面的基本理论和基础知识，接受实验研究、工程设计方法、生产管理、计算机应用等方面的基本训练，具有矿物加工方面的研究、设计与生产管理的基本能力。

就业方向：该专业培养具备较强实践能力和国际视野的高素质复合型工程技术人才，毕业生知识面宽，适应能力强，可在矿产资源利用领域的设计研究单位、厂矿企业及政府机关,从事矿物(金属、非金属、煤炭)分选加工及金属矿物、非金属矿物资源综合利用领域内的技术改造、生产、设计、决策、科学研究、开发及管理工作,亦可从事高等学校的教学与科研工作。

❖❖❖ 传统加工

在 19 世纪,矿物加工并不是一门独立的学科,而是采矿大学科体系中的组成部分。1900 年前后,冶金从采矿大学科体系中分离出来,发展为独立的学科。20 世纪 30 年代以后,矿物加工才逐步发展为一门相对独立的工程学科。

早期的矿物加工是建立在选矿厂的工艺过程基础之上的。它本质上是选矿过程的反映,由三大板块构成:选矿方法(主要是浮选、重选及磁选)、辅助过程(粉碎和脱水干燥等)和选矿过程检测及控制。因此,它具有很强的实用特征。

20 世纪后半叶,随着世界经济的迅猛发展及科学技术的飞速进步,加之高品位、易选矿产资源的逐步枯竭,资源及材料工程领域的各种学科均发生了明显的调整及变化。

当前的矿物加工方向处在"经济—能耗—环境"三角的扼制之中。难选矿的比例越来越大。随着富矿、易选矿资源的耗尽，一系列共生关系复杂、嵌布粒度细微的矿产资源的开发利用提上了议事日程。我国也面临着这样的问题，大量弱磁性铁矿因为铁矿物及伴生矿物嵌布粒度太细（10～30 微米）而无法有效分选。锰矿、磷矿、铝土矿等均有相同的问题。分选技术固然是个尚未解决的问题，细磨、脱水等作业也远未达到成熟的地步。面对严酷现实的挑战，矿物加工已发生巨大的调整及变化。一些适合于处理贫矿、复杂矿的技术和直接提取有用成分的技术正在发展应用。

　　矿物加工的对象已从天然矿产资源扩展到二次资源的回收及利用。各种固体废弃物，例如，尾矿、炉渣、粉煤灰、金属废料、电器废料、塑料垃圾、生活垃圾乃至土壤都成了加工对象，经过加工又转化为有用的资源。随着现代科技的发展及社会的进步，人类需要开发超纯、超细及具有特殊功能的矿物原料及矿物材料。再如特殊功能的石墨、云母、石棉等非金属矿物材料，超细金属氧化物粉体等均需要特殊的、与传统方法迥异的加工方法，即深加工工艺。

❖❖ 现代加工

事实上，20世纪后半叶，矿物加工工艺已逐步突破了传统的机械加工的框架。化学提取以及生物工程与机械加工的结合在金属矿及非金属矿的加工中早已屡见不鲜。非金属矿的深加工进一步扩展并丰富了这种结合。

传统的机械加工工艺也发生了巨大的变化。超细粉碎及分级获得越来越多的应用；界面分选方法成为细微颗粒分选的主要手段；压滤及离心力场在超细颗粒的固液分离中发挥着重要的作用；各种成型、包装工艺也变得越来越重要。矿物加工的任务也发生了变化。矿物加工已不仅是为各种工业提供合格的矿物原料，例如精矿粉或中间产品，而是扩展成了可以生产超纯、超细及具有特殊功能的矿物材料以及矿物制品的工业。

其中的矿物材料工程主要是以非金属矿石或矿物为原料（或基料），通过一定的深加工工艺制取具有确定物化性能的无机非金属材料及器件的技术。矿物材料有着巨大的应用前景，例如，沸石太阳能板、蒙脱石干燥剂、叶蜡石高温绝缘体及导弹密封材料、钠云母密封材料、羟磷灰石骨骼材料、硅藻土牙模材料、火山岩防火材料等。

❖❖ 跨学科研究

　　矿物加工与冶金、化工、无机材料、环境工程及颗粒技术等工程学科领域都有着密不可分的共生关系。随着矿产资源的贫化及其共生关系的细微粒化,化学处理变得日益重要,而化学处理本是提取冶金的主要工艺过程。当前,提取冶金与化学工程也正在相互交融。现代矿物加工中包括的矿物材料工程或技术,与无机材料工程也十分接近。矿物加工过程产生的废渣、尾矿、废水的治理本身就是环境工程的主要内容,更何况矿物加工技术(包括分选技术)已在环境治理工程中找到了用武之地。

　　科学技术发展到今天,学科之间的界限趋于交叉融通,而市场经济的发展则要求科技界具有更大的适应性及应变能力。在这种形势下,只要不受研究对象的局限,矿物加工技术完全可以在上述多种工程技术领域得到有效利用,反过来,吸收和利用其他工程技术领域的实际经验及研究成果又可以促进矿物加工的进一步发展。可以说,矿物加工技术的跨学科研究及应用是摆在我们面前的最大挑战和机遇。

这里不得不提具有"工业黄金"之称的稀土资源。由于其具有优良的光电磁等物理特性,能与其他材料组成性能各异、品种繁多的新型材料,所以以其最显著的功能就是大幅度提高其他产品的质量和性能,比如,大幅度提高用于制造坦克、飞机、导弹的钢材、铝合金、镁合金、钛合金的战术性能。而且,稀土还是电子、激光、核工业、超导等诸多高科技行业的润滑剂。稀土资源是国家重要的战略性资源。而矿物加工技术在稀土资源利用过程中起着至关重要的作用。

▶▶石油与天然气工程

石油与天然气工程学科是关于该类巨型系统工程设计、建造及安全生产运行的理论、方法、工具装备与系列技术集成的学问、知识体系和研究领域,一般包括油气井工程、油气田开发工程、油气储运工程等。开发利用非常规油气资源、超深层高温高压油气资源、海洋深水油气资源,提高老油田采收率,完善现代钻完井及开采配套技术,建设超长超大型复杂输油气管网并安全运行是本学科面临的新挑战。

开发矿业·驱动世界——矿业类的学科分支

➡➡传承铁人精神——油气井工程

该专业以复杂油气资源钻完井过程中的重点前沿科学问题和重大工程难题为导向，开展油气井建井过程中岩石、流体、管柱三者自身物理、化学基本特征及相互作用规律，以及相应控制技术的科学研究，强化与信息、材料、人工智能、安全、环境、管理等相关学科的交叉与渗透，重点突破深层、深水、页岩气、致密气、煤层气、天然气水合物等油气资源及地热资源的钻完井理论与技术，发展智能化钻完井技术，创新解决油气井建井工程中的复杂问题，实现复杂油气资源的环保、安全、高效钻完井。

➡➡我为祖国献石油——油气田开发工程

20 世纪 60 年代，歌曲《我为祖国献石油》红遍大江南北。这首歌唱石油工人的歌曲，把石油工人的豪迈气概表达得淋漓尽致，激励着一代代石油人投身祖国石油工业建设。

该专业以油气资源开发过程中的重要科学问题为导向，开展各类储层及井筒内流体流动规律、油气田高效开发与开采工程、提高油气采收率等方面的科学研究,强化与信息、材料、环境、人工智能、管理、经济等相关学科的交叉与渗透,重点突破常规、深水深地、非常规等油气资源以及新能源开发过程中的油气渗流、油气田开发、采油采气工程、化学法提高采收率、油气田信息化与智能开发等方面的理论与技术问题,创新发展复杂油气资源开发理论、技术与方法,实现油气资源的经济、高效、安全、绿色开发。

➡➡油气储运还看我——油气储运工程

油气储运是将石油与天然气由产地运送至用户的重要环节。油气产地大多远离消费区,油气从地下开采出来后,经加工,不间断地供应给用户,构成独立的工业体系和作业系统。

油气储运工程从学科来说属于工学门类,是石油与天然气工程下的二级学科。油气储运作为石油、天然气配置与利用的重要环节,主要包括四个领域:油气田集输、长距离油气输送管道、油气储存与装卸及城市输配系统。

✤✤油气田集输

石油和天然气是通过很多的井口输送到地面上的。而这些井口的位置分布相对分散,给石油和天然气的输送造成了困难。这时就需要将不同井口所采出的石油和天然气集中起来统一输送,慢慢地发展成了油气田集输系统。油气田集输比较准确的定义是,把分散的油井所生产的石油、伴生天然气和其他产品集中起来,经过必要的处理、初加工,再将合格的石油和天然气分别外输到炼油厂和天然气用户的工艺。主要包括油气分离、油气计量、原油脱水、天然气净化、原油稳定、轻烃回收等工艺。

✤✤长距离油气输送管道

油气产地大部分在人迹罕至的地区,为了利用这些能源,就需要采用一种经济高效的输送方式。在这种背景下,输送管道就诞生了。长距离油气输送管道是专门用来输送石油及其产品和天然气的管道,是一种专门由产地向市场输送石油、天然气的运输方式。

✤✤油气储存与装卸

在油气从油气田收集,经过处理再输送到下游的过程中,总会存在来油与供油不平衡的时候,这时就需要采用油罐、气罐将油气储存起来,这个过程就形成了油气储存与装卸的工艺。这个工艺过程涉及油气储存设备、油气输送设备、油气输送管道及管阀件、油品加热与保温、油气装卸作业、油库工艺流程等内容。

❖❖❖城市输配系统

城市居民生活、公共建筑和商业企业离不开燃气,燃气用于热水和食品制备、烘干、采暖、制冷和空气调节等方面。在冶金、机械、化工、轻工和纺织等工业中,燃气可满足多种工艺的用热需要。这些功能实现的前提就是城市输配系统,城市输配系统是指从接收长距离油气输送管道供气的门站到用户的整个系统,主要包括门站、输配管网、储配站、气化站等。正因为有了这套系统的不停运转,才有了城市生活的欣欣向荣。

➡➡海纳百川——海洋油气工程

以深水为特色的海洋油气开发,技术先进、装备集中,海洋工程、油气装备、开发技术多学科高度交叉,开发过程要求经济、高效、环保。创新的开采方法可实现水合物的安全、高效、绿色开发。

开发矿业,驱动世界——矿业类的学科分支

在新能源发展方兴未艾之时，油气资源仍然在世界能源消费中占据主导地位。石油产业作为一种传统产业，其经济效益不言而喻。经勘探、开采、生产、销售这一产业链，石油企业可获得巨大的经济利益，同时可为政府税收贡献力量。石油工业涉及人民生活的方方面面。而天然气在解决能源结构、改善生态环境及使用节能技术进程中具有独特的地位和作用。天然气多数作为石油等化石能源的伴生能源而存在，故油气开采通常是同时进行的。

近年来，我国的石油消费持续增长。石油天然气工程作为石油天然气开发利用全链条的专业，在此过程中起着至关重要的作用。

十年树木，百年树人——矿业人才培养

千淘万漉虽辛苦，吹尽狂沙始到金。

——刘禹锡

我国矿业高等教育源自清末，在其百余年的发展历程中，历经艰难，尤为不易。矿业高等人才培养的发展史更是一部创业史、自强史。

▶▶薪火相传——矿业高等教育发展历程

我国矿业人才培养源于我国矿业高等教育的发展，矿业高等教育随着社会发展薪火相传。

➡ ➡ 采矿工程

❖❖❖ 矿业高等教育的发端

　　我国的矿业高等教育是伴随着我国近代工业化的历程起步的。洋务运动时期,洋务派创办了一些专科学堂,聘请外国人讲授自然科学知识;设立翻译馆,出版国外新兴科学技术书刊,从而推动了我国教育制度的变革。

　　清末的中国西学东渐、风气初开,缺乏建立在一定自然科学基础知识之上的近代矿业工程技术和相关教育。于是,出国留学、他山取石,成为近代我国矿业高等教育的自然选择。

　　我国矿业高等教育的产生是我国人民与列强不断抗争的结果。甲午战争后,西方列强向我国进行资本输出,大量攫取我国的路矿权。我国面临被西方列强瓜分的严重危机。西方列强对我国掠夺,既激起了我国人民的反帝浪潮,也为我国民族资本的发展创设了条件。空前的民族危机,催生了资产阶级的维新运动。维新运动期间,变事、变教、变法、变政一时成为潮流。晚清重臣张之洞也在其《劝学篇·外篇·变法第七》中提出了"变科举,改学制,开矿藏,修铁路,讲求农工商学,发展近代工业"等主张。

近代我国所进行的矿业教育大体可分为两个部分：一是在大学堂和高等学堂开设矿学课程和设置矿学专业；二是创办专门的矿务学堂或路矿学堂。地质采矿学作为学科被列入新兴学堂的专业，并且还出现了一些地质采矿的专科学校。这些学堂的创办，为我国培养专门的矿业技术人才发挥了很大的作用。

京师同文馆是洋务派创办的第一个洋务学堂，开我国近代新式学校之先河。湖北铁路局附属矿学堂是近代我国最早的初等矿业专门学校，又称为湖北铁路学堂，1892年由张之洞创办。张之洞十分重视近代教育事业，创办了很多学校。当时，张之洞筹拨经费收购了日本东京路矿学堂后，迁徙校舍至小石川区水道町，附设于矿务局内，为我国在日本自办的唯一的学校。1896年，张之洞创办江南储才学堂（内设矿务专业）。

北洋大学（今天津大学）的前身为北洋西学学堂。1896年，北洋西学学堂更名为北洋大学堂，是我国第一所命名为"大学堂"的高等学校，也是我国最早的工科大学。北洋大学堂的矿物学专业要经过预科和本科共计8年的学习，实为我国第一座有矿物学专业的高等学府。1900年，

该学堂为八国联军所毁，学务中止，1903 年重建。1912 年
1 月，北洋大学堂改名为北洋大学校，直属当时的中华民
国教育部。1913 年，又改名为国立北洋大学。

焦作路矿学堂（今中国矿业大学）是我国最早的近代
矿业高等学府，创办于 1909 年，由英国福公司投资创办，
是外国人在我国创办的第一批私立高等学校之中的第一
所私立工科高等学校，同时也是近代我国成立最早并一
直延续至今的矿业高等学府。焦作路矿学堂开创了中国
矿业高等教育，特别是煤炭高等教育的先河。1909 年 3 月
1 日，焦作路矿学堂在河南焦作得以创办，校址选在焦作煤
矿附近的西焦作村，占地 50 亩。第一年招收学生 20 名。
这 20 名学生年龄多在 20 岁左右。

焦作路矿学堂第一届学生从 1909 年 3 月进校到
1912 年 12 月毕业。1912 年 12 月，焦作路矿学堂首届学
生毕业后，英国福公司即单方面撕毁合同，停拨经费，焦
作路矿学堂被迫停办。1915 年 5 月 7 日，英国福公司和
河南中原公司联合组成福中公司，恢复办学并定名为福
中矿务学校。1919 年 2 月，学校更名为福中矿务专门学
校。1920 年 4 月，福中矿务专门学校从河南省会开封迁
回焦作路矿学堂原址办学。

　　南京国民政府成立后,在教育领域大力推行"注重实科"的教育政策,使工程教育迅速发展,许多学校设有地质、矿业类科系。据 1936 年全国矿业地质展览会印发的《全国矿业要览》中的统计数据,至少已有 12 所高校设有地质、矿业类科系。山西大学:其前身为山西大学堂,1924 年设立采矿冶金科。南开大学:1919 年建校,1924 年设立矿学专科。东北大学:在 1921 年创办东北大学的议案及《东北大学组织大纲》中,规定"大学暂定六科,分年组织",其中工科六系中即包括采矿学、冶金学等。山东公立矿业专门学校:1920 年成立。南洋路矿学校:1924 年设立采矿冶金科。清华大学:其前身为清华学堂,1928 年更名为国立清华大学,1929 年设立地学系。南京大学:其前身为三江师范学堂,1930 年设立地质学系。湖南大学:其前身为湖南高等学堂,1932 年设立矿冶工程系。广西大学:始建于 1928 年,1934 年开办矿冶专修科,1935 年设立采矿冶金系。云南大学:其前身为私立东陆大学,1931 年设立矿冶系,1934 年更名为省立云南大学,全面抗战时期开设采矿专修科。重庆大学:1935 年,矿业专家胡庶华任校长,建立工学院,设立采冶系,1936 年增设地质系。武汉大学:其前身为自强学堂,1928 年定名为

国立武汉大学,曾设有采矿专修科,并于 1939 年设立矿
冶工程系。另外,1946 年国立唐山工学院的采矿专业从
矿冶工程系分离出来,设立采矿工程系。全面抗战前,国
立北洋工学院和焦作工学院(图 8)可以说是我国矿业高
等教育的双杰。

图 8　焦作工学院旧照

国立北洋大学于 1920 年 6 月专办工科,设有土木、
采矿、冶金三个学门,并设预科和预科补习班。1925 年,
采矿、冶金两个学门被合并为采矿冶金学门。1929 年,国
立北洋大学改名为国立北洋工学院。1933 年,增设矿冶
工程研究所。1934 年,将矿冶工程学系分为采矿工程组、
冶金工程组。当年 12 月 5 日经教育部核准合并矿冶工
程研究所和工程材料研究所,设立国立北洋工学院工科

研究所。该研究所为学院的研究机关,设矿冶工程部,分置采矿工程、冶金工程及应用地质三个方向。研究生研究期限定为 2 年,研究期满,考试及格,毕业论文通过后,学院颁发毕业证书,授予硕士学位。

1920 年 4 月,福中矿务专门学校迁回焦作。1921 年夏,设置采矿冶金科,学校改名为福中矿务大学。1923 年 11 月,刚从美国留学归来的张仲鲁接任福中矿务大学校长,同李善棠、任殿元、马载之、石心圃等几位留美回国专攻采矿冶金工程的教授,根据美国大学矿冶科系的课程,结合国内实际情况,增加了实用的课程内容。1931 年,学校改名为私立焦作工学院。本科设置两科四系,即采矿冶金科的采矿系、冶金系,土木工程科的路工桥梁系、水利系。1933 年 7 月,私立焦作工学院董事会聘请张清涟教授为院长。学校积极引进人才,聚集了任殿元、张伯声等一大批名流硕学。1935 年 10 月,孙越崎继任整理专员和常务校董。1936 年 5 月,学校废科改系,设采矿、冶金、路工、水利四系。

❖❖❖ 全面抗战时期的我国矿业高等教育

"七七"事变后,我国的高等教育事业也遭受空前浩劫。当时全国有 108 所大专院校,其中 25 所高校因战争而停办,多数搬迁至大后方坚持办学。其中一些学校为了集中人力、物力，适应大后方办学的条件，实行联合办学。全面抗战时期，为支持大后方的经济建设，也兴建了一些高等学校，比如，1939年成立国立西康技艺专科学校，1942年将国立贵州农工学院改组为贵州大学等。它们均设有矿冶工程科或矿冶系，为大后方培养了矿冶、地质人才。

国立北洋工学院西迁

"七七"事变后，天津失守。国立北洋工学院的仪器、设备损失惨重，一些珍贵的地质标本和仪器被窃往东京。

1937年9月10日，南京国民政府教育部发布训令，"以北平大学、北平师范大学、北洋工学院和北平研究院等院校为基干，设立西安临时大学"。西安临时大学1937年10月在西安筹建，仅存在半年时间，整个学校的教育工作处于战时状态。1938年3月，西安告急，西安临时大学南迁汉中。校址分设在城固、勉县、南郑三县。其中，工学院设在城固县古路坝天主教堂。1938年4月，西安临时大学改名为国立西北联合大学。1938年5月2日，国立西北联合大学正式开学。国立西北联合大学存在的时间很短，仅维持了约4个月的时间。

私立焦作工学院整体西迁

1937年10月14日，日军攻占豫北重镇安阳，私立焦作工学院的安全受到威胁。常务校董孙越崎力排众议，下令将学校的全部设备、仪器、图书、标本和实习工厂的机床等教学用具，连同教职员和学生全部撤迁大后方。同年11月，迁校西安端履门，借用陕西省立西安高级中学校部分教室及西安机械厂部分房屋恢复上课。1938年3月，风陵渡失陷，学校再迁甘肃天水。

四校合组国立西北工学院

1938年7月，国民政府教育部长陈立夫发出训令，令国立北洋工学院与同期先后迁往西安办学的国立北平大学工学院、东北大学工学院和私立焦作工学院合组成立国立西北工学院。

国立西北工学院集中了四校的优势，包括私立焦作工学院、东北大学工学院的图书和设备，国立北洋工学院、国立北平大学工学院的师资及四校的优良传统和办学经验。

国立西北工学院时期，学校因抗战救国和西北地区生产事业的现实需要成立工科研究所、矿冶研究部和工程技术推广部，积极开展科学研究和技术服务，为工矿技术改良做出了贡献。

后来成为中国工程院院士的张沛霖、李恒德、师昌

十年树木，百年树人——矿业人才培养

绪、刘广志、傅恒志等是这一时期矿冶系的杰出校友。矿冶研究部还先后招收研究生 46 人，分布在采矿组、冶金组、应用地质组和石油地质组。

1945 年 8 月抗战胜利后，原内迁各校开始复校。1946 年 1 月，教育部下达了关于恢复北洋大学的函令。国立西北工学院原国立北洋工学院的部分教师职工返天津复校，东北大学复校沈阳，私立焦作工学院复校洛阳，北平大学工学院未复校。前文中所涉高等学校绝大多数都一直开办到全国解放，然后在党和人民政府的领导下，继续为我国培养高级专门人才，其地质、矿业类科系成为我国矿业高等教育的发展基础。

❖❖中华人民共和国成立后矿业高等教育的发展

中华人民共和国成立后，随着高等教育改革、专业大调整等，高等教育不断进步，不断发展。我国现开设采矿工程专业的高校有 60 所。其中，山西 7 所，辽宁、贵州各 5 所，河北、四川各 4 所，内蒙古、江西、山东、河南、湖北、湖南、陕西各 3 所，北京、黑龙江、福建、新疆各 2 所，江苏、安徽、重庆、云南、甘肃、宁夏各 1 所。具体分布见表 1。

表 1　全国采矿工程专业本科招生单位

序号	招生单位名称	所在地	序号	招生单位名称	所在地
1	北京科技大学	北京	20	辽宁科技大学	辽宁
2	中国矿业大学(北京)	北京	21	辽宁石油化工大学	辽宁
3	河北工程大学	河北	22	黑龙江科技大学	黑龙江
4	华北科技学院	河北	23	黑龙江工业学院	黑龙江
5	华北理工大学	河北	24	中国矿业大学	江苏
6	华北理工大学轻工学院	河北	25	安徽理工大学	安徽
7	太原科技大学	山西	26	福州大学	福建
8	太原理工大学	山西	27	龙岩学院	福建
9	吕梁学院	山西	28	东华理工大学	江西
10	山西工程技术学院	山西	29	江西理工大学	江西
11	中北大学	山西	30	江西理工大学应用科学学院	江西
12	山西大同大学	山西			
13	太原理工大学现代科技学院	山西	31	山东科技大学	山东
			32	山东理工大学	山东
14	呼伦贝尔学院	内蒙古	33	山东科技大学泰山科技学院	山东
15	内蒙古科技大学	内蒙古			
16	内蒙古工业大学	内蒙古	34	河南理工大学	河南
17	东北大学	辽宁	35	河南工程学院	河南
18	辽宁工程技术大学	辽宁	36	郑州工商学院	河南
19	辽宁科学学院	辽宁	37	武汉科技大学	湖北

（续表）

序号	招生单位名称	所在地	序号	招生单位名称	所在地
38	武汉工程大学	湖北	50	贵州民族大学	贵州
39	武汉理工大学	湖北	51	贵州理工学院	贵州
40	湘潭大学	湖南	52	贵州工程应用技术学院	贵州
41	中南大学	湖南	53	昆明理工大学	云南
42	湖南科技大学	湖南	54	西安建筑科技大学	陕西
43	重庆大学	重庆	55	西安科技大学	陕西
44	西南科技大学	四川	56	西安科技大学高新学院	陕西
45	四川师范大学	四川	57	陇东学院	甘肃
46	宜宾学院	四川	58	中国矿业大学银川学院	宁夏
47	攀枝花学院	四川			
48	贵州大学	贵州	59	新疆大学	新疆
49	六盘水师范学院	贵州	60	新疆工程学院	新疆

➡➡石油工程

　　石油工程专业的发展历程不仅是一部艰难的创业史，更是一部教育的发展史。

　　石油工程专业教育是石油高等教育的核心内容，它伴随我国石油工业的发展而发展，并为促进我国石油工业的发展做出了重要贡献。中华人民共和国成立初期，石油专门人才奇缺，石油工程专业教育应运而生，并在此

64

后几十年的行业办学体制下,形成了鲜明的产学研紧密结合的办学特色。进入新世纪,随着我国高等教育体制的改革,石油工程专业教育又迎来了新的历史发展时期。

❖❖❖ 中华人民共和国成立初期的石油工程专业教育

中华人民共和国成立初期百废待兴,作为国民经济的一个重要能源支柱,石油工业仍十分落后,原油年产量不足 30 万吨,这在很大程度上影响和阻碍着我国经济的稳定和发展。因此,加快发展我国的石油工业,保证经济建设的能源供给,是摆在中央人民政府面前的一项紧迫任务。然而,发展石油工业必须依靠技术,依靠人才,而历经几十年战火洗礼刚刚成立的中华人民共和国的基础显然十分薄弱。所以,尽快创办和发展我国的石油高等教育,为石油工业培养和输送人才是发展石油工业的必然要求。

中华人民共和国成立初期石油工业技术人才的培养情况

1949 年 9 月 25 日,玉门油矿和平解放。同年 10 月,中央人民政府燃料工业部成立,从此揭开了我国石油工业发展的新篇章。我国石油工业发展面临的首要困难就是石油人才的奇缺。当时,国内从事石油地质和采油工作的专门人才只不过几十人。基于当时的实际情况,为在短时间内培养出大批急需的石油专门人才,有关部门采取了在多个院校分散培养、委托培养或速成培养的方式。

1950 年 4 月,全国第一次石油工业会议决定由中央人民政府燃料工业部拨款,由清华大学、北洋大学、西北大学、南京矿冶学院等有关院校开办速成地质班和培训班,定向培养一批地质、物探及采矿专业人才。1950 年冬,经中央人民政府燃料工业部与清华大学化工系磋商,建立了清华大学燃料研究室,并在燃料研究室的基础上,成立石油炼制组,此后在清华大学的其他系设立了石油钻采组和石油地质组。1951 年秋,根据中央人民政府燃料工业部的要求,北洋大学将化工系、地质系改为石油炼制系和石油地质系,并在机械系开设了石油机械组,采矿系基本上转向为中央人民政府燃料工业部服务。1952 年 9 月,以清华大学地质系、采矿系、化工系的石油组为基础,聚集天津大学四个系的石油组以及北京大学化工系、燕京大学数学系的师生力量,建立了清华大学石油工程系。当时所设专业包括石油钻井、石油开采、石油储运、石油矿场机械、石油炼厂机械以及石油炼制,各专业均是当年设置,当年招生。

中央人民政府燃料工业部按照陈郁部长"自己动手办学"的指示,从 1950 年至 1952 年,先后自办和委托办了一批石油技术学校和石油专科训练班。1950年11月，中华人民共和国成立后第一所石油工业学校——大连石油工业学校（后北迁改称抚顺石油学校，1958年成立抚顺石油学院）在大连建立了。当时，石油管理总局和西北石油管理局也通过开办培训班等形式加快石油人才的培养工作。在石油主管部门的积极联系及有关各方的配合下，国内许多大学开始涌现出一股不小的"石油热"。如北京大学部分教师开始对石油教育工作表现出浓厚的兴趣，很多学生积极加入学习石油工程专业知识的行列。西北工学院的采矿系、化工系成立石油组，并开始招收新生进行培养。重庆大学先后成立石油地质组、石油炼制组和石油钻井组。大连工学院化工系、浙江大学机械系和化工系以及中国人民大学工业经济系也分别成立液体燃料组、石油机械组、石油炼制组等相关石油学科教育组。从此，我国的石油教育工作有了一个良好的开端，这为日后进一步发展我国的石油高等教育，筹建专门的石油高等教育院校奠定了基础。

组建北京石油学院，迈出我国石油高等教育第一步

1951年11月，在北京召开的全国第一次高等工业院校会议上，中央人民政府燃料工业部主管石油工业的代表反映了当时石油战线存在的人才严重匮乏的问题，尤

其缺乏通专业、懂技术的高层次石油专门人才，同时呼吁要重视石油工业技术人才的培养工作，建议学习苏联经验，尽快建立我国的石油高等教育体系，提出不仅要办石油中等技术教育学校，也要办正规的石油高等教育院校，并建议在条件成熟时，及时筹办石油高等教育学院。这是当时最早提出筹办石油学院的建议。

1952 年，为了纠正在中华人民共和国成立前学校设置、分布和科系分工方面的不合理现象，中央人民政府政务院和教育部决定组织一次全国高校的院系调整工作。调整的基本原则之一就是要进一步加强和增设一些工业高等教育院校。中央人民政府燃料工业部及石油管理总局以此为契机，加快了筹建石油学院的准备工作。1952 年7 月，石油管理总局正式向中央人民政府燃料工业部、教育部等有关部委递交报告，提出组建石油学院的申请并很快得到批准。同年 10 月，石油管理总局成立北京石油学院筹备工作组，并对学校名称、建校地点、建校进度、建校费用、筹备机构、干部师资来源等问题进行了认真研究和规划。1952 年 11 月，中央人民政府政务院文化教育委员会下达〔文教企字 466 号通知〕，正式批准创办北京石油学院。

经过一年的筹备，到 1953 年 10 月，我国第一所石油高等学府——北京石油学院(图 9)正式诞生了。北京石油学院以清华大学石油工程系为基础,同时融入大连工学院化工燃料专业及西北工学院、北京地质学院和重庆大学等相关院校的部分专业。北京石油学院的诞生为我国石油高等教育的发展翻开了崭新的一页,也标志着我国石油高等教育开始向前迈出第一步。

图 9　北京石油学院旧照

❖❖❖行业办学体制下的石油工程专业教育

随着石油工业的发展,人才需求不断扩大,培养行业特色人才的专业教育应运而生。

创办石油院校,构建石油高等教育体系

1953 年,北京石油学院的诞生使我国拥有了自己的第一所石油高校,从此开创了我国石油高等教育的新纪

十年树木,百年树人——矿业人才培养

元。北京石油学院的成立，为缓解当时我国石油工业建设人才的紧缺发挥了重要作用。然而，随着我国经济建设和石油工业的不断发展，对高层次石油专门人才的需求进一步扩大，建立满足石油工业建设和发展需求的石油高等教育体系变得越来越迫切和必要。从20世纪50年代末开始，伴随我国石油勘探工作的重大进展和石油工业的长足发展，我国的石油高等教育也迎来了创办石油高校的高峰期。

1958年6月，经国务院批准，在西北石油工业专科学校的基础上成立西安石油学院。西北石油工业专科学校始建于1951年，是中华人民共和国成立后创办的第一所专门培养石油工业技术干部的学校。西安石油学院在建院初期设置了石油及天然气钻凿、石油及天然气开采、石油及天然气工学、人造石油、石油矿场机械及设备、石油炼厂机械及设备等石油类专业，主要任务是培养西北石油工业建设发展急需的本专科学生，本科学制为五年。

1958年8月，根据石油工业部南充、玉门会议提议，将始建于1955年的乌鲁木齐石油学校改建为新疆石油学院；同年，建立哈尔滨石油专科学校，并在抚顺石油学校的基础上成立抚顺石油学院。

1958 年 9 月,为适应开发四川石油天然气资源的需要,也为西南协作区发展石油天然气工业培养技术干部,经石油工业部和四川省人民政府研究决定,在四川南充成立四川石油学院,当时设置石油地质、石油钻井、石油开采、石油矿场机械、石油炼厂机械、石油炼制、人造石油等专业。同年招收第一批 643 名新生。

1960 年初,为满足大庆油田开发对人才的需求,石油工业部决定成立一所新的石油学院。1960 年 5 月,从松辽石油会战指挥部抽调三十多名转业军官和会战职工成立建院筹备组,从北京石油学院抽调七十多名教师,并于 1961 年 3 月正式定名为东北石油学院,同时将原黑龙江石油专科学校的大专学生也一起并入其中。建院初期,学院共有石油勘探系、石油开发系、石油炼制系和机械系 4 个专业系,下设石油天然气地质勘查、钻井工程、采油工程、石油炼制、石油矿场机械等本科专业。

1960 年,在广州石油学校的基础上建立华南石油学院,并新建北京石油科学技术专科学校;其间,还在承德石油学校的基础上成立河北石油学院,玉门石油学校也升格为玉门石油学院。1961 年以后,石油高校进行全面调整,只保留了北京石油学院、东北石油学院、西安石油学院和四川石油学院。1969 年,北京石油学院迁校东营,西安石油学院改厂停办。1970年,四川石油学院更名为西南石油学院。1975年,东北石油学院更名为大庆石油学院。

改革开放后,石油院校回归以石油工业部领导为主的办学体制,相继恢复和建立了几所石油高校。1978年,在原江汉石油地质学校的基础上建立江汉石油学院,主要面向中南地区,设置石油地质勘探、石油地球物理勘探、石油矿场地球物理测井、石油钻井工程、石油采油工程、石油矿场机械、油田自动化、油田化学、机械制造9个专业。1980年,恢复西安石油学院和抚顺石油学院。1983年,恢复新疆石油学院。1988年,承德石油学校改名为承德石油高等技术专科学校。1994年,在重庆石油学校的基础上成立重庆石油高等专科学校。

为了适应石油工业发展对人才培养工作的需要,我国从20世纪50年代初期开始探索建立石油高等教育体系。经过短短几年的时间,至20世纪60年代初这一体系已基本构建起来,并得到了不断发展和完善。此后经过三十多年的建设和调整,基本形成了与全国油气产区分布相适应的石油院校布局。石油高等教育体系在我国高等教育中一直保持着相对独立的地位,可以概括为八个字,即"特色鲜明,自成一体"。在这一体系中,既包括专科、本科和研究生等各种层次的全日制学历教育,也包括成人教育、定向培养、联合培养、技能培训以及网络教育等多种形式的非学历教育。几十年来,各石油高校不仅一直是我国石油工业高层次人才培养和输送的基地,同时也是石油企事业单位进行职工干部在职培训和继续教育的基地。石油高校充分利用自身的办学资源,通过各种有效形式和渠道,积极为油田职工开展多层次的继续教育,从而有力地支援和促进了石油企事业单位的生产建设工作。

密切厂校合作,加强联合办学

由于许多石油高校本身就是在石油会战中孕育和发展起来的,因而与生产实践紧密结合是石油高校的天然属性。行业办学模式从一开始就为学校确立了明确的办学方向,为加强厂校合作,实行联合办学,培养适应石油工业建设需要的合格人才奠定了良好基础。正因如此,石油高校也是我国高校中最早进行产学研合作教育探索和实践的院校。

从 20 世纪 60 年代开始,石油主干专业的教师就分赴国内各大油田从事现场生产实践,探索开展"开门办学"。各个石油主干专业则在相关的石油企事业单位建立了稳定的实习和实践教学基地,组织学生定期深入油田生产现场，了解一线生产情况，接受生产实践锻炼。这不仅使学生学到了必要的生产知识，提高了实践技能，得到了石油工程专业教育不可缺少的工程训练，同时也使学生受到了石油行业艰苦创业、勇于奉献、锐意进取的优良传统的熏陶和感染，有利于培养其树立"学石油、爱石油、献身石油"的事业心和责任感。

石油工程专业的人才培养工作必须以石油工业的需求为导向。为加强对石油工程专业建设和改革的指导，各石油主干专业均与相关石油企事业单位建立了长期密切的联系。例如，为进一步发挥行业办学优势，加强专业改造的针对性，石油大学（华东）曾于 1990 年在石油地质、物探、测井、采油、钻井、矿机、储运 7 个石油主干专业分别成立专业建设与改革指导委员会，其中，60% 的委员是来自石油厂矿企业和科研部门的技术专家。由于他们既了解石油工业的发展趋势，又熟悉石油行业先进的生产技术，同时还掌握用人单位对人才的需求信息，因而在确立专业改革和发展方向，指导学校教学工作以及密切油、校产学研合作关系等方面发挥了积极作用。

在长期办学过程中，石油高校积极适应石油工业发展的新形势，努力加强与石油企事业单位的合作与交流，不断扩大双方的合作办学领域，成功探索出了一条厂校合作、产学结合的联合办学新路子,积累了丰富的产学研合作教育经验。一方面,石油高校充分发挥自身的人才资源和科技开发优势,积极参与油田的开发和建设,为石油工业的发展培养和输送高层次专门人才和石油工程领域的高新技术成果;另一方面,石油企事业单位积极利用自身雄厚的资金和丰富的教学科研资源,大力支持石油高校的教学工作和教学改革,通过双方共建、联合育人以及科技合作等有效形式,努力构建合作办学的有效机制。实践证明,厂校合作、产学结合不仅是石油高校实现人才培养、科技开发和服务石油行业等办学职能的一种有效形式,同时也是学校密切与企事业单位联系,构建外部支撑体系,实现自身可持续发展的一个重要渠道。

以承德会议为转折,推进石油高校教育教学改革

1977年恢复高考以后,随着经济建设的发展,我国高等教育开始进入一个恢复发展的新时期。经过几年的恢复发展,各石油高校的人才培养工作逐步走上了健康发展的轨道,教学工作又重新焕发出生机和活力。进入20世纪80年代以后,新技术革命浪潮席卷中华大地,科技发展日新月异,边缘学科不断涌现,知识内容更新周期进一步缩短,这给高校的人才培养工作带来了新的挑战。特别是1983年邓小平同志"三个面向"题词的发表,掀起

了我国教育改革新的浪潮。此外，为从根本上解决专业设置混乱的局面，加强薄弱专业与新兴及边缘学科专业，从 1982 年开始，国家先后对各科类本科专业目录组织进行全面修订。通过修订，高校学科专业设置得到进一步规范，专业口径得到了一定程度的拓宽。

正是在这样一些内、外部因素的影响下，石油工业部召集相关石油高校在河北承德召开会议，中心议题就是根据新的专业目录要求修订各专业的教学培养计划，并提出"加强基础，拓宽专业，提高能力，办出特色"的十六字方针。会议对各专业教学计划的课内总学时和专业课学时均提出了明确要求，即教学计划的总学时要控制在 2 400 学时以内，专业课学时所占比例应在 10％～15％，同时要求增加人文社会科学和经济管理类的选修课程，加强对学生英语和计算机能力的培养。

承德会议的召开为石油高校的教育教学改革确立了具体目标和方向，有力地推动了石油工程专业走上规范化的发展道路。从此，各石油高校的教学工作和教学改革开始进入一个崭新的发展阶段。新计划的制订和实施，使石油工程专业基础得到加强，专业面有所拓宽，学生的知识与能力结构进一步优化，特别是计算机和英语应用能力有了显著增强。与此同时，学校与企业间的产学研合作关系更加紧密,行业办学的优势也更加明显。这段时期,正值国内其他高校教学工作因受到各方面冲击和干扰出现质量上的波动,而石油高校由于办学指导思想明确,教学工作措施得力,教学改革不断深化,教学工作没有受到太大影响,保持了稳步发展的势头。

❖❖❖ **面向 21 世纪的石油工程专业改革**

随着社会不断进步,行业特色高校不断发展。我国社会主义市场经济体制的确立和不断完善,以及国民经济和石油工业的飞速发展,促使石油工程专业开始进行高等教育改革。

21 世纪石油高校面临的形势和挑战

从 1994 年开始,中国石油天然气总公司在石油高校中组织启动了面向 21 世纪的石油工程专业改革。当时有这样几个背景:

一是 1993 年 2 月,中共中央、国务院正式颁布《中国教育改革和发展纲要》,明确指出"必须坚持把教育摆在优先发展的战略地位",在全面分析当时教育所面临的形势和任务的基础上,提出了指导我国 20 世纪 90 年代乃至 21 世纪初教育改革和发展的目标、战略和指导方针。

二是社会主义市场经济体制的确立和不断完善,对高等教育的人才培养质量提出了新的更高要求，社会越来越欢迎那些知识面宽、适应性强、综合素质高的毕业生。由于过去我国高校的专业设置沿袭了苏联模式，工科专业一般都是按生产流程来设置的，因而往往存在着专业面过窄、适应性较差、专业与岗位或职业相混淆的现象。为重点解决学科专业的归并、拓宽和总体化问题，自1989 年开始，国家教育委员会在历经 5 年的专业修订工作的基础上，又组织开展了第二次大规模的专业目录修订工作。这次修订，使专业设置种数由原来的 813 种减少为 504 种，形成了体系相对完整、比较科学合理和更加统一规范的《普通高等学校本科专业目录》，并于 1993 年7 月正式颁布实施。国家教育委员会随后又于 1994 年初制订并实施"高等教育面向 21 世纪教学内容和课程体系改革计划"，这是中国石油天然气总公司推动面向 21 世纪的石油工程专业改革的具体依据。

三是我国国民经济和石油工业的飞速发展，对石油工程专业教育提出了一系列新的要求，而当时的石油主干类专业长期以来一直是按照石油天然气的勘探、开发、炼制和储运这一生产加工过程设置的，其本身存在的结构设置不合理、专业划分过细、专业口径偏窄、教学内容陈旧等问题越来越突出，人才培养工作难以适应石油工业和社会发展的需要。针对这些问题,根据 1993 年颁布实施的《普通高等学校本科专业目录》和 1994 年初制订的"高等教育面向 21 世纪教学内容和课程体系改革计划"的要求,从 1994 年开始,石油高校陆续对物探、测井、油藏工程、钻井工程、采油工程、矿场机械、化学工程、化工工艺等一批石油专业进行了合并改造。

全面启动面向 21 世纪的石油工程专业改革

1994 年 10 月,中国石油天然气总公司召集所属各石油高校在四川乐山召开了以"面向 21 世纪,深化教学改革,培养跨世纪人才"为主题的教学改革研讨会(后称乐山会议),专题研究和商讨石油高等教育面向 21 世纪的教学改革大计。这是继石油高校 1984 年承德会议、1987 年万庄会议、1993 年大庆现场会议之后,中国石油天然气总公司组织召开的又一次关于石油高校人才培养和教学改革的重要会议。会议分析了石油高校所面临的形势、任务和挑战,探讨了培养跨世纪人才的具体思路、目标和措施。会议还围绕"应用地球物理"和"石油工程"等石油主干专业的改革方案和培养计划进行了重点研讨和交流,并就下一阶段石油企事业单位对石油工程专业毕业生的需求情况进行了分析和预测。会后,中国石油天然气总公司印发了《石油高校面向 21 世纪教学改革的若干意见》,对世纪之交石油高校的教学工作和教学改革做了具体部署和要求,为进一步推动和促进石油工程专业的教学工作和教学改革提供了必要的经费和制度保证。

这次会议开得非常及时和成功,对于进一步推动石油工程专业面向 21 世纪的改革和发展起到了重要作用。乐山会议因此成为承德会议之后石油高等教育发展史上召开的又一次具有里程碑意义的会议。

乐山会议结束后,中国石油天然气总公司于 1995 年至 1999 年在石油高校中有计划、有组织地开展了一系列教学改革、教育研究和计算机辅助教学(CAI)课件项目的立项工作,以石油主干专业的改革为龙头和突破口,全面启动了面向 21 世纪的石油高等教育教学改革。

1995 年初,中国石油天然气总公司根据乐山会议精神,在石油高校中组织开展了第一批教学改革项目的立项工作,本次立项共确立教改项目 53 项,其中重点项目 36 项,一般项目 17 项。从此,石油高校在中国石油天然气总公司的指导与资助下,开始对石油工程、应用地球物理、石油储运、化学工程、地质工程等一批石油主干专业进行立项改革。1996 年,中国石油天然气总公司又牵头将 6 所石油高校立项的石油主干专业的改革并入国家教育委员会组织的"面向21世纪高等工程教育教学内容和课程体系改革计划"第一批立项项目"石油行业类主干专业教学内容和课程体系改革的研究与实践"进行集中重点改革。为积极鼓励各石油高校的教学改革,中国石油天然气总公司在经费上给予了大力资助与支持,仅1995年至1998年的四年当中,就先后投入专项教改经费九百余万元,其中在石油工程专业改革方面的投入累计达五百余万元,从而有力地调动了广大教师从事教学和改革的积极性,保证了各项教学改革的顺利进行。

为适应社会主义市场经济体制以及高等教育改革和发展的需要,自1997年4月开始,国家教育委员会开始在全国高校中组织进行第三次大规模的学科专业调整工作,对1993年颁布的《普通高等学校本科专业目录》进行全面修订。1998年7月,正式颁布新的《普通高等学校本科专业目录》。经调整,专业设置种数由原来的504种进一步调整到249种。这次学科专业调整旨在改变过去过分强调"专业对口"的教育观念,树立知识、能力、素质全面和协调发展的人才观,改变过去本科专业划分过细、专业面过窄的状况,进一步重视基础,拓宽知识面,构建融传授知识、培养能力和提高素质为一体的多样化人才培养模式。

十年树木，百年树人——矿业人才培养

以 1998 年教育部颁布新的《普通高等学校本科专业目录》为契机，各石油高校又积极进行了新一轮专业改革和调整，将各主要本科专业全部纳入学校的教学改革计划当中。从最初的专业改造、合并，拓宽专业口径，调整专业方向，到重新修订专业人才培养方案，进行专业教学内容和课程体系的改革。至"九五"计划末期，石油高校的专业改革和调整取得了突破性进展，涌现出一批卓有成效的改革成果。通过改革，石油高校的学科专业结构进一步趋向合理，服务面进一步得到拓宽，社会适应性有了明显增强，教学水平和教育质量有了显著提高。

经过国家 1984 年、1993 年和 1998 年三次专业目录的改革与调整，石油工程专业口径不断拓宽，一些口径较窄的专业合并为宽口径专业，其演变过程如下：

石油地质→石油地质勘探→石油及天然气地质勘查→资源勘查工程。

石油地球物理勘探→勘查地球物理→应用地球物理→勘查技术与工程。

石油地球物理测井→矿场地球物理→应用地球物理→勘查技术与工程。

石油钻井（石油及天然气钻凿）→石油钻井工程→钻井工程→石油工程。

石油开采(石油及天然气开采)→油田开发与开采→采油工程→石油工程。

油田开发→油藏工程→石油工程。

石油炼制→石油加工工程→石油加工→化学工程与工艺。

长期以来,石油工程专业一直是石油高校的传统优势和办学特色。为了巩固这一领域的优势和特色,各石油高校不断加强石油工程专业的建设和改革,积极探索和推进教育教学改革以及人才培养模式改革,专业适应性进一步增强,办学水平和教育质量得到稳步提升。

我国现开设石油工程专业的高校有 23 所。其中,湖北、陕西各 3 所,北京、山东、四川、河北、黑龙江、甘肃各 2 所,新疆、广东、重庆、江苏、辽宁各 1 所。具体分布见表 2。

表 2　全国石油工程专业本科招生单位

序号	招生单位名称	所在地	序号	招生单位名称	所在地
1	中国石油大学(北京)	北京	4	中国地质大学(北京)	北京
2	中国石油大学(华东)	山东	5	中国地质大学(武汉)	湖北
3	西南石油大学	四川	6	东北石油大学	黑龙江

（续表）

序号	招生单位名称	所在地	序号	招生单位名称	所在地
7	西安石油大学	陕西	16	燕山大学	河北
8	长江大学	湖北	17	重庆科技学院	重庆
9	常州大学	江苏	18	哈尔滨石油学院	黑龙江
10	辽宁石油化工大学	辽宁	19	长江大学工程技术学院	湖北
11	成都理工大学	四川	20	中国石油大学胜利学院	山东
12	延安大学	陕西	21	广东石油化工学院	广东
13	兰州城市学院	甘肃	22	中国石油大学（北京）克拉玛依校区	新疆
14	榆林学院	陕西			
15	华北理工大学	河北	23	陇东学院	甘肃

　　在表2所示的23所高校中,具有博士学位授权点的高校有9所:长江大学、成都理工大学、东北石油大学、西安石油大学、西南石油大学、中国地质大学（北京）、中国地质大学（武汉）、中国石油大学（北京）和中国石油大学（华东）。其中,东北石油大学、西南石油大学、中国石油大学（北京）和中国石油大学（华东）的一级学科为国家重点学科。西南石油大学和成都理工大学共建油气藏地质及开发工程国家重点实验室。中国石油大学（北京）和中国石油大学（华东）建有油气钻井技术国家工程实验室。此外,西南石油大学、中国石油大学（北京）和中国石油大学（华东）的石油与天然气工程被教育部评为一流学科。

目前,我国正在加大油气开发的力度,国家的重视无疑将助力石油工程专业的发展。非常规油气(页岩气和可燃冰等)的开发也将助推石油工程专业升级。

➡➡ 油气储运工程

油气储运工程专业和石油工程专业的发展历史几乎相同,虽充满艰辛,但更多的是收获。

1952—1958 年是油气储运工程专业的初创时期。此阶段的专业建设主要是模仿苏联莫斯科石油学院的办学模式,学制从 4 年改为 5 年,从教学计划、教学大纲、生产实习、毕业论文到考试、答辩的方式都沿用莫斯科石油学院的做法。

油库课程的教材使用俄文教材的中译本。输油管课程的教材使用来校任教的苏联专家的讲义。鉴于专家讲课涉及油气储运工程施工的内容很少,工艺部分又显简略,张英教授根据《管道工业》《管道工程师》等英文杂志上刊登的文章编写了补充讲义。在此期间,还建设了国内第一个油气储运教学实验室,可以开展副管与变径管的水力坡降、翻越点、槽车的下卸时间等教学实验研究。

1958—1966 年为第二阶段。在此期间,部分学生参加了克拉玛依—独山子输油管道、兰州炼油厂油库、北京长辛店成品油库等工程的建设。

1966—1976年为第三阶段。在此期间，油气储运工程专业的教研团队曾先后参加了开封、安阳、济南、吉林、乐昌、邵武等油库的扩建或新建工作，参加了陈山至金山、东营至黄岛、秦皇岛至北京、任丘至北京等输油管道的建设，以及最终未能实施的川沪输气管道的勘查设计工作。

1978年恢复了高考制度。恢复教学后的第一件事是修订教学计划。新的教学计划中加强了外语和计算机的教学，增加了线性代数、矩阵理论等新的数学课，删除了专业课中已显陈旧的内容，精简了学时。为了使教学赶上科技的发展，教学计划和教学内容又经过多次更新。第二件事是组织和充实教师队伍，派教师出国进修。第三件事是编写教材。第一本公开出版的是《输油管道设计与管理》，该教材在热油管道的运行管理、含蜡原油流变性、密闭输送的水击保护等方面颇有特色，曾获石油工业部优秀教材奖。后又陆续出版了《油库设计》《油罐和管道强度设计》《油气集输》《输气管道设计和管理》《地下金属管道的腐蚀与防护》等教材。第四件事是恢复招收研究生。1979年开始招收两年制不授学位的研究生，1982年经国家教育委员会批准开始招收硕士研究生（包括出国预备生）。

2001 年，中国石油大学油气储运工程被教育部确定
为国家重点学科，学科的发展进入了一个新阶段。
2002 年，经教育部批准，该学科点继续被列入国家"211 工
程"重点建设计划。经过"十五"期间的发展，该学科点作
为国内油气储运高层次人才培养，以及科学研究和理论
创新基地的总体实力和领先地位得到了进一步加强。

➜➜海洋油气工程

海洋面积广阔，油气资源丰富，蕴藏量约为全球的
70％，另外还赋存有大量的天然气水合物，其碳储量约为
全球已探明的煤炭、石油、天然气等常规化石燃料总碳储
量的两倍以上。

1896 年，美国在加利福尼亚海岸，为开发由陆地延伸
至海里的油田，从防波堤上向海里搭建了一座木质栈桥，
安上钻机打井，成为世界上第一口海上油井。从 1920 年
委内瑞拉在马拉开波湖发现大油田，1922 年苏联在里海
巴库油田附近钻探，到 1936 年美国在墨西哥湾开始钻第
一口深井，于 1938 年建成最早的海洋油田，均采用了栈
桥或人工岛勘探开发技术。

20世纪40—60年代，随着钢铁工业和焊接技术的发展，相继出现了钢质的固定平台、坐底式平台、自升式平台，以及半潜式平台等。1947年，美国在墨西哥湾钻出第一口商业性油井。1950年，出现了移动式海洋钻井平台。1951年，沙特发现世界上最大的海上油田。1960年，我国在莺歌海开钻了第一口海上油井。1982年，中国海洋石油总公司成立，当时的年产量仅9万吨。

中国石油大学（华东）"海洋石油工程"方向的发展和建设始于2001年，该校为适应国家海洋油气钻探与开发的人才需求，依据《普通高等学校本科专业目录》，成立了船舶与海洋工程专业，重点建设海洋石油工程方向。经过多年的建设，先后建立了山东省海洋油气工程高校重点实验室、中国石油天然气集团有限公司（CNPC）海洋工程重点实验室（水下装备工程技术研究室）、山东省省级特色专业船舶与海洋工程等，为海洋油气工程专业建设打下了良好的基础。

为适应国家海洋强国和能源安全战略形势发展需求，2012年2月中国石油大学（华东）申报了海洋油气工程专业，并通过教育部审批，成为第一批建设的特设专业，隶属于国家一级学科石油与天然气工程。海洋油气工程专业的建设得到了校、院各级部门的高度重视，2012年

5月,转专业招收 58 名 2011 级新生,在吸取海洋石油工程和船舶与海洋工程建设经验的基础上迅速发展。2013 年 6 月,经专家论证同意设立海洋油气工程学科博士点和硕士点,并列为校重点建设学科。2014 年 6 月,海洋油气工程研究生培养方案通过校学位委员会论证,2015 年开始招收硕士研究生,2016 年开始招收博士研究生。

同时开设海洋油气工程专业的高校还有中国石油大学(北京)、西南石油大学、东北石油大学、西安石油大学、长江大学、成都理工大学等。具体分布见表3。

表3　全国海洋油气工程专业本科招生单位

序号	招生单位名称	所在地	序号	招生单位名称	所在地
1	中国石油大学(华东)	山东	6	成都理工大学	四川
2	中国石油大学(北京)	北京	7	长江大学	湖北
3	西南石油大学	四川	8	浙江海洋大学	浙江
4	东北石油大学	黑龙江	9	重庆科技学院	重庆
5	西安石油大学	陕西	10	辽宁石油化工大学	辽宁

▶▶动力源泉——人才培养目标与定位

随着我国市场经济的不断完善和科技文化的快速发展,社会各行各业需要大批不同规格和层次的人才。高

十年树木,百年树人——矿业人才培养

等教育教学改革的根本使命是"提高人才培养的质量"。提高人才培养质量的核心是在遵循教育规律的前提下，改革人才培养模式，使人才培养方案和培养途径更好地与人才培养目标及培养规格相协调，更好地适应社会的需要。

矿业和石油工业的发展离不开科学技术，离不开人才支撑。作为人才摇篮，矿业高校使命在肩，责任重大。如何为国家矿业和石油工业的发展提供不竭动力？这需要不断优化人才培养方案，提高人才培养质量。在此过程中，首先要明确的是人才培养目标与定位。

➡➡采矿工程

本专业培养基础知识扎实，善于系统思维，富于协同创新精神，具有国际视野，具备处理矿业及其相关领域复杂工程技术问题的能力，能在矿业规划设计、生产经营、投资、教育和科研等单位从事矿产资源开发利用与保护相关工作的宽口径、高素质工程技术人才，毕业五年后能胜任世界多样性和快速变化挑战的工程领军人才。

➡➡矿物加工工程

本专业培养人格健全，基础理论扎实，专业知识面广,实践能力较强,善于自主学习,具有创新精神和国际视野,适应社会、经济和科学技术发展需要,具备科学研究素养和工程设计能力,能够发现、分析和解决矿物加工及相关的复杂工程问题,可在矿产资源高效加工与清洁利用及相关领域从事研究开发、工程设计、技术管理、咨询服务等工作的高素质复合型工程技术人才。

➡➡石油工程

本专业培养知识、能力和素质全面发展,具有扎实的数学、物理、化学、力学、油气地质学等知识基础以及外语、计算机应用基础,系统掌握石油与天然气工程基本理论、方法与技能,具备石油与天然气工程师必需的工程训练经历,具有结合工作实际提出和解决问题的能力以及创新意识和国际视野的工程技术人才。

➡➡油气储运工程

本专业培养具备工程流体力学、物理化学、油气储运工程等方面知识,能在国家及省、市的发展规划部门、交通运输规划与设计部门、油气储运与销售管理部门等从事油气储运工程的规划、施工项目管理和研究、开发等工作,适应社会主义现代化建设需要,全面掌握油气储运工程领域各方面知识,具有开拓创新的精神、较强的动手能力和协调能力的高级工程技术人才。

➡➡ 矿物资源工程

本专业培养具备较深厚的基础理论知识和现代科技知识,能在规划设计、生产经营、投资、管理、教育、科研等部门从事矿物资源开发、加工利用以及相关设施设计等方面工作的高级工程技术人才。

➡➡ 海洋油气工程

本专业培养能够从事海洋油气工程领域工程设计、技术开发、生产运行、项目管理和科学研究等工作的工程技术人才,培养德智体美劳全面发展的社会主义建设者和接班人。

➡➡ 智能采矿工程

本专业培养厚基础、强能力、高素质,具备较强国际竞争能力的智能采矿人才。毕业生具备健全的人格、社会责任心、职业道德、创新精神及工程实践能力,具备综合的外语应用能力,系统掌握人工智能基础理论和智能采掘基本原理及方法,能在智能采矿及相近领域进一步深造,或从事工程设计与施工、生产与技术管理等工作。

▶▶矿业筑基——课程设置

习近平总书记在谈到加强基层工作时常用一句话: "基础不牢,地动山摇。"这句话同样适用于人才的培养, 矿业高等人才的培养也不例外。矿业类专业在制定培养 方案时,应依据人才培养目标和定位,强化基础,突出能 力,塑造价值,努力培养社会主义建设者和接班人。

➡➡采矿工程

主干学科:矿业工程

主要课程:概率论与数理统计、线性代数、工程力学、 地质学、电工技术与电子技术、采矿学、岩石力学与工程、 矿山压力与岩层控制、矿山机械与装备、矿井通风与安 全等。

主要实践性教学环节:地质实习、金工实习、采矿认 识实习、生产实习、毕业实习、课程设计(机械设计基础、 采矿学、矿井通风与安全等)、毕业设计(论文)等。

➡➡矿物加工工程

主干学科:矿业工程

主要课程:矿物加工学、矿石可选性研究、选矿厂设计、无机与分析化学、物理化学、有机化学、界面化学、工程流体力学、煤化学、矿物学、矿物加工机械、实验研究方法、技术经济与生产管理等。

主要实践性教学环节:金工实习、认识实习、生产实习、毕业实习、专业实验、课程设计、毕业设计(论文)等。

➡➡石油工程

主干学科:石油与天然气工程

主要课程:高等数学、线性代数、大学计算机、大学物理、大学化学、应用物理化学、工程制图、油层物理、渗流力学、油藏工程、钻井工程、采油工程、油田化学、天然气开采与安全等。

主要实践性教学环节:地质实习、专业实习、石油工程综合设计(油藏、钻井、采油等)、毕业设计(论文)等。

➡➡油气储运工程

主干学科:石油与天然气工程

主要课程:输油管道设计与管理、输气管道设计与管理、油气集输与矿场加工、油库设计与管理、城市燃气输配、油罐与管道强度设计、储运与防腐技术、泵与压缩机、储运油料学、储运仪表自动化等。由于各高校所处位置不同,专业定位也略有不同,课程设置也有其各自的侧重点。

主要实践性教学环节:油气储运工程软件实训、输油管道设计与管理课程设计、油气集输课程设计、天然气输送设计与管理课程设计、油库设计与安全管理课程设计、燃气输配课程设计、工程训练、认识实习、生产实习、毕业设计(论文)等。

➡️➡️矿物资源工程

主干学科:矿业工程

主要课程:地质学基础、矿山运输与提升、岩石力学与工程、矿山开采工程、通风防尘与空气调节、矿山安全工程、爆破工程、国际工程基础、智能制造基础、工业生态学、系统工程导论、冶金环境工程与资源循环利用、特殊采矿技术、矿山资源法基础、深井开采技术、矿业系统工程、矿产经济学、地质统计学与矿床建模等。

主要实践性教学环节:地质认识实习、地质教学实习、矿床学教学实习、矿体建模及储量计算、矿产地质调查、煤层气地质课程设计、生产实习、毕业设计(论文)等。

➡➡海洋油气工程

主干学科:石油与天然气工程

主要课程:海洋平台与工程环境、油气田开发基础、海洋油气钻井工程、海洋油气开采工程、海洋油气集输工程、海洋油气井工作液及环保、海洋油气工程综合设计、海洋油气作业管理、海洋平台自动化与信息化、深水油气开发概论、油气开发地质学、水中机器人等。

主要实践性教学环节:地质实习、矿物分离实验、油藏物理实验、渗流力学实验、采油工程实验、钻井工程实验、课程设计、认识实习、生产实习、毕业设计(论文)等。

➡➡智能采矿工程

主干学科:矿业工程

主要课程:概率论与数理统计、线性代数、工程力学C、现代地质学、测量与导航定位、电工技术与电子技术C、测试与控制技术基础、算法基础与机器学习、数据库与数据仓库、智能采掘、开采环境智能感知、决策理论与方法、岩石力学与岩层控制、矿山机械及其智能化、矿井智能通风等。

主要实践性教学环节：地质实习、金工实习、智能矿山体验实习、智能矿山生产实习、智能矿山综合实习、智能矿山机械与装备实践、课程设计（机械原理与机械设计基础课程设计、矿山开拓与智能工作面设计、矿井智能通风设计、智能矿山综合设计等）、毕业设计（论文）等。

▶▶能源支柱——业务范围

看到这里，大家可能会提出一个问题：矿业类专业毕业生能干什么呢？其实，矿业类专业毕业生在矿业和石油行业发挥着难以替代的作用，大都成为所在单位的高层管理者和高级工程技术人员，可谓是"能源支柱"。

➡➡采矿工程

矿产资源是驱动全球工业进步及社会发展的基础资源，是驱动世界的动力源泉。采矿工程专业人才是矿产资源开发的基础。业务范围包括：根据矿床的地质条件进行矿山开采设计、规划，合理选择开采系统参数、工艺及设备；有效地组织、管理矿山和岩土工程领域的生产，安全、经济、高效地开采有用矿物。采矿工程专业毕业生主要在能源资源开发相关行业工作。

➡➡矿物加工工程

矿物加工工程专业毕业生主要面向企事业单位、设计研究单位，以及政府管理部门，从事矿物（金属、非金属、煤炭）分选及加工领域内的新技术、新工艺开发研制，工程设计与管理工作，也可从事高等学校的教学与科研工作。

➡➡石油工程

石油作为一种重要的能源，是现代经济的血液。石油工业需要大量的技术人才。石油生产领域具有科技含量高、技术性强的特点。随着石油生产的发展和企业人员的不断更新，在石油生产管理与技术应用方面，将需要大量的具有较高科学文化素质和职业技能的高级技术应用型人才。因此，石油工程专业毕业生在石油生产企业具有较大的就业空间。就业方向大致分类如下：

工程设计/工程施工与管理（油气钻井工程、采油工程、油藏工程、储层评价等）；

应用研究与科技开发；

工艺工程师；

新能源开发与利用;

专业服务(销售、业务员等);

生态环境保护。

➡➡油气储运工程

石油与天然气的储运是油气资源配置与利用的重要环节,油气储运也成为连接油气生产、加工、分配、销售诸环节的纽带。一般认为,油气储运的业务范围包括油气田集输、油气管道输送、油气储存与销售、燃气输配与应用等领域。在行业内,有两种划分油气储运业务范围的方法:一种是按照"油"和"气"的不同特性,分为油的储运和气的储运,其中,油的储运又可分为原油的储运和成品油的储运;另一种是根据面向企业业务范围的不同,按照石油与天然气产业链的结构,分为上游储运业务、中游储运业务和下游储运业务三个方面。油气储运工程专业毕业生主要在发展规划、交通运输规划与设计、油气储运管理等部门从事相关工作。

➡➡矿物资源工程

矿物资源工程专业毕业生主要在规划设计、生产经营、投资、管理、教育、科研等部门从事矿物资源开发、加工利用以及相关设施设计等方面工作。

➡➡海洋油气工程

海洋油气工程专业毕业生主要从事海洋钻井与完井、海洋采油气、海洋油气集输等工程的设计、施工与管理工作。毕业生能在跨国石油公司、海洋石油公司等油气田相关企业、石油勘探开发研究与规划机构以及油田技术服务与工程施工单位从事技术和管理工作。

➡➡智能采矿工程

智能采矿人才属于复合型人才，应具备较深厚的自然科学及计算机基础知识，地质测量、测控技术、机器学习、数据库与数据仓库、经济管理等专业基础知识，以及矿山智能感知、智能决策、智能控制、智能采掘等专业知识。智能采矿工程专业毕业生应具备在相关领域从事工程设计与施工、生产与技术管理、开发研究等工作的基本能力。

▶▶光明使者——矿业界知名人士

在我国近现代史中，矿业界涌现出了许多行业先贤、学界泰斗、教育专家、政府官员和知名企业家，他们奋力谱写了一首又一首可歌可泣的矿业诗篇,创造了一项又一项令世人震惊的辉煌成绩。他们的先进事迹和不朽功绩,正激励着年轻一代的矿业人,以他们为楷模,循着他们的足迹,努力把矿业推进到新高度。

❖❖❖孙越崎——工矿泰斗

孙越崎(1893—1995),原名孙毓麒,浙江绍兴人,著名的爱国主义者、实业家和社会活动家,是我国现代能源工业的创办人和奠基人之一,被尊称为"工矿泰斗"。

孙越崎一生抱着科技兴国的理念,艰苦奋斗,为我国煤炭、石油的开发建设事业和我国人民的解放事业做出了卓越的贡献。他领导开发了我国陆上第一口油井,领导创建了我国第一座较具规模的石油城,为中国石油工业的飞速发展奠定了基础。

❖❖❖童光煦——采矿专家和教育家

童光煦(1919—2000),湖北蕲春人,采矿专家和教育家,是新中国第一批采矿工程博士生导师之一(仅有2人)。1943年毕业于南非联邦约翰内斯堡的威塔瓦特斯兰德大学采矿系,1946年获美国科罗拉多矿业学院采矿工程师学位,1947年获美国科罗拉多大学矿山地质硕士学位。

十年树木，百年树人——矿业人才培养

童光煦曾任国务院学位委员会第一、二届学科评议组成员，《国外金属矿山》杂志顾问，《中国矿业》杂志副主任编委，中国金属学会第三、四届常务理事和荣誉会员，中国煤炭学会第一、二届常务理事，中国劳动保护科学技术委员会第一、二届常务理事，中国有色金属学会第一届理事，中国黄金学会第一届名誉理事等。

　　童光煦专注于硬岩地下矿床开采工程、工艺和理论的研究，在高效率、大产量和技术密集的崩落法方面造诣深厚，特别是其篦子沟铜矿的有底柱分段崩落法和武钢程潮铁矿的无底柱分段崩落法技术攻关成果得到了全面的推广和应用。在崩落法理论上，他证明：矿体在低围压下受拉破坏，可以促进自然崩落；按照应力波动规律，可以指导底部结构维护；根据流动规律，可以确定放矿制度，以便减少矿石的损失与贫化。他对进一步完善崩落法的结构和工艺参数做出了重要的贡献。

❖❖❖钱鸣高——中国工程院院士

　　钱鸣高（出生于 1932 年），江苏无锡人，矿山压力专家，中国工程院院士，中国矿业大学教授，博士生导师。

　　钱鸣高 1954 年毕业于东北工学院采矿工程系，1954—1957 年就读于北京矿业学院采矿系采煤专业，获得硕士学位,历任北京矿业学院、四川矿业学院、中国矿业学院(大学)矿山压力实验室、研究室主任。他1984年被评为首批国家级有突出贡献的中青年专家,1991年获"江苏省劳动模范"称号,享受国务院政府特殊津贴,1994年获中国科学技术发展基金会孙越崎科技教育基金能源大奖,1996年获全国五一劳动奖章,2000年获"全国先进工作者"称号。他曾任原煤炭工业部矿山压力中心站站长,国务院学位委员会学科评议组成员和矿业学科召集人,中国煤炭学会常务理事、副理事长、名誉理事长,中国岩石力学与工程学会常务理事。

钱鸣高是我国矿山压力及其控制学科的奠基者和开拓者之一。他提出的采场上覆岩层的砌体梁平衡假说以及老顶破断规律及其破断时在岩体中引起的扰动理论在国内外产生很大影响。他创立的砌体梁力学模型被作为基本理论编入教科书。他提出了岩层控制的关键层理论和符合科学发展观的绿色开采技术体系。他曾获1项国家自然科学奖、2项国家科技进步奖和17项省、部级奖,编写了《中国采煤学》《矿山压力及其控制》《中国煤矿采场围岩控制》《岩层控制的关键层理论》等著作,于1995年当选为我中国工程院院士。

❖❖❖古德生——中国工程院院士

古德生(出生于 1937 年),广东梅县人,中南大学教授,1995 年当选为中国工程院院士,历任全国政协委员、教育部高等学校地矿学科教学指导委员会主任委员、全国工程教育专业认证专家委员会委员、中国矿业联合会高级资政委员会委员、中国有色金属工业协会专家委员会委员。

古德生是我国著名的矿业工程科学技术专家。他先后完成国家级与省、部级重大科研项目三十多项,为金属矿采矿科技进步做出了重要贡献,为国家创造了巨大的经济效益。他编写了《振动出矿技术》《现代金属矿床开采科学技术》等著作,有关成果在第十四届世界采矿大会和第二届世界非金属矿物会议上得到与会专家的高度评价。

❖❖❖王淀佐——中国科学院院士、中国工程院院士

王淀佐(出生于 1934 年),辽宁锦县人,矿物加工专家,现代浮选药剂分子设计理论创始人,中南大学教授,博士生导师,长期从事浮选理论和浮选药剂等方面的研究。他 1961 年毕业于中南矿冶学院(今中南大学),1985 年任中南工业大学校长,1991 年当选为中国科学院院士,

1994 年当选为中国工程院院士。2010 年,因在国际矿物加工浮选理论方面的创新性成果以及对中国矿物工程科学技术的发展做出的巨大贡献,王淀佐荣获国际矿物加工理事会授予的卓越科学贡献的"终身成就奖"。

❖❖陈清如——中国工程院院士

陈清如(1926—2021),浙江杭州人,矿物加工专家,中国矿业大学教授,博士生导师,长期从事干法选煤理论和技术的研究,1995 年当选为中国工程院院士。他一直致力于选矿理论和工程实践的研究和开发,是我国矿物加工学科的奠基者和开拓者之一。他建立了粒群透筛概率的筛分理论,研制成功煤用概率分级筛系列设备;建立了空气重介质稳定流态化的选矿理论和技术,创建了世界上第一座高效空气重介质流化床干法选煤示范厂。他曾获 2 项国家科技进步二等奖,1 项国家技术发明三等奖,多项省、部级以上奖励,全国五一劳动奖章及"全国优秀教育工作者"称号,享受国务院政府特殊津贴。

❖❖侯祥麟——石油泰斗

侯祥麟(1912—2008),广东汕头人,中国化学工程学家,燃料化工专家,中国科学院院士,中国工程院院士。

侯祥麟 1935 年毕业于燕京大学化学系,1938 年加入中国共产党，1945—1948 年就读于美国卡内基理工学院化学工程系，获博士学位。他 1950 年回国后历任清华大学化工系教授兼燃料研究室研究员，中国科学院工业化学研究所研究员、代室主任，燃料工业部石油管理总局主任工程师，石油工业部生产技术司副司长，石油工业部副部长兼石油化工科学研究院院长。

侯祥麟是我国炼油技术的奠基人和石油化工技术的开拓者之一，组织领导和指导支持了大量科技攻关，为国家填补了石油化工领域的许多重大科技空白，解决了石油化工产业发展中的许多重大问题，提出了许多事关国家科技进步和长远发展的重要建议。

20 世纪 80 年代以来，侯祥麟主编和参编了《中国炼油技术》、《中国页岩油工业》、《中国炼油技术新进展》（英文版）、《英汉石油大辞典》、《中国大百科全书·化工卷》等多部大型专著。

1999 年，侯祥麟在《石油炼制与化工》上发表论文《发展中的中国石化工业》，概述了中国石化工业发展的现状、取得的技术进步及作用、存在的差距及市场挑战，展望了 2000 年及 2010 年生产发展的目标，提出实现这一目标的四方面任务，以及在完成任务中技术进步应起的作用。

❖❖马兴峙——石油钻井泰斗

马兴峙(1933—2006),四川泸州人,1952 年毕业于西南石油专科学校专科钻探 1 班。

马兴峙在 20 世纪 60 年代主持并打成了我国第一口水平井,70 年代又分别主持打成了我国第一口井深超 6 000 米的超深井以及井深超 7 000 米的超深井,为攻克超深井技术难关起到了重要作用,基本解决了四川盆地 5 000 米以下深井钻井技术问题。他还曾带头研究成功了"平衡钻井及井控技术"国家项目,并获得了国家重大科技成果奖,解决了井喷失控着火这一关键技术问题。在五十多年的工作中,马兴峙组织指挥过石油系统十多起井喷失控着火事故处理,还曾被国家委派到阿尔巴尼亚负责处理井喷失控着火事故。他先后组织完成了一系列国家重点科技攻关项目,总结和发展了一整套钻井工艺技术,并组织制定了相关规程、制度和标准。

❖❖王德民——中国工程院院士、油气田开发工程专家

王德民(出生于 1937 年),河北唐山人,油气田开发工程专家,中国油田分层开采和化学驱油技术的奠基人。

王德民 1960 年毕业于北京石油学院钻采系,同年赴

大庆油田，在大庆石油会战中从事科技研究工作；1961 年独立推导出地层测压计算公式"松辽法"；1978 年，他组织研究的"偏心配水、配产工艺"获得全国科学大会奖；1985 年，主持完成的"大庆油田长期高产稳产的注水开发技术"研究获国家科技进步特等奖；1994 年当选为中国工程院院士。20 世纪 90 年代，组织完成了"化学驱"三次采油技术攻关，推广了聚合物驱油技术的应用。21 世纪，他提出并组织开展了三元复合驱、泡沫复合驱、高浓度聚合物驱、用三次采油方法开发三类油层以及与化学驱配套的工艺技术等多项研究工作。2016 年 4 月 12 日，国际编号为210231 号的小行星，正式命名为"王德民星"。

王德民在油田开发的注水和三次采油等方面取得了多项重大科研成果，使我国在这些领域处于国际领先水平，为大庆油田各个阶段的发展和稳定提供了技术保证。

❖❖翁心源——石油储运第一人

翁心源（1912—1970），浙江鄞县人。作为我国石油储运的第一人，翁心源在毕业后并没有在石油行业工作，而是投身我国的铁路建设，先后参加了粤汉铁路株韶段、湘桂铁路柳南段、滇缅等铁路的修建。后因日本侵略军大举侵略我国，铁路建设被迫中断，而当时作为能源的石油成为最重要的抗战物资，有"一滴汽油一滴血"之说。

于是经父亲指点,翁心源便一门心思地投入石油行业。

1942年,翁心源到美国留学。留学之初,翁心源意识到,我国已经投入开发的玉门油矿地处西北荒原,交通极为不便,生产出的油品因运输上的限制,难以发挥应有作用,而管道运输是石油开发中的重要组成部分。于是他选定了在美国学习石油管道运输专业,为我国后来的油气储运发展带来了曙光。

1958年,他主持建设了我国第一条长距离输油管道,管道全长147千米,仅用9个月便建成投产,年输油能力为53万吨,被人们誉为"地下油龙"。1960年,翁心源带病参加了大庆石油会战,亲自组织、参加了萨尔图油田地面工程的规划和建设。萨尔图油田是大庆石油会战建成的第一个油田,翁心源发扬大庆精神,精心设计施工,高质量地完成了在职期间所有的工程建设任务。1962年,为攻克四川油气田输气管道穿越长江的科学难关,翁心源受命到四川组织技术力量攻关。他带领技术人员深入实地考察,精心选择输气管道过江路线,运用深厚的学识和极大的智慧研究设计出过江的工程实施办法。该河流管道穿越技术是我国石油工业开创性的科研成果,至今依然发挥着作用。

作为我国学习和掌握石油工业输油技术的宗师，翁心源是那个时代无可替代的人物，与我国石油管道事业是分不开的，需要我国的石油人永远铭记。

❖❖❖ "铁人"王进喜——中国石油工人

王进喜（1923—1970），甘肃玉门人，曾任大庆油田1205钻井队长、钻井指挥部副指挥。

他是新中国第一代钻井工人，是中国工人阶级的先锋战士、中国共产党人的优秀楷模、中华民族的英雄。20世纪60年代，他率领1205钻井队"有条件要上，没有条件创造条件也要上"，人拉肩扛运钻机，破冰端水保开钻，勇跳泥浆池制井喷，以"宁肯少活二十年，拼命也要拿下大油田"的顽强意志和冲天干劲，打出了大庆石油会战第一口油井，创造了年进尺10万米的世界钻井纪录。他把短暂而光辉的一生献给了我国石油工业，他身上所体现的"铁人"精神，成为中华民族的宝贵精神财富。

2009年，为庆祝中华人民共和国成立60周年，由中央宣传部、中央组织部、中央统战部、中央文献研究室、中央党史研究室、民政部、人力资源和社会保障部、全国总工会、共青团中央、全国妇联、解放军总政治部等部门共同组织的评选活动中，王进喜当选"100位新中国成立以来感动中国人物"之一。

2019 年,为隆重庆祝中华人民共和国成立 70 周年,经党中央批准,中央宣传部、中央组织部、中央统战部、中央和国家机关工委、中央党史和文献研究院、教育部、人力资源和社会保障部、国务院国资委、中央军委政治工作部联合印发通知,部署在全国城乡开展"最美奋斗者"学习宣传活动。王进喜被评选为"最美奋斗者"。

❖❖❖ "新时期铁人"王启民——"人民楷模"

王启民(出生于 1937 年),浙江湖州人,"100 位新中国成立以来感动中国人物"之一,被中国石油天然气总公司党组授予"新时期铁人"荣誉称号。2019 年被授予"人民楷模"国家荣誉称号。

1960 年,王启民被分配到大庆油田实习,担任葡四井试油队技术员。1961 年,王启民响应国家号召,一毕业就重返大庆石油会战战场。1964 年,油田出现了"注水三年,水淹一半,采出程度 5％"的严重局面。王启民和同志们一起,在阴冷潮湿的帐篷中,反复试验,最后得出结论:油田开采的关键是保持压力,不能怕见水就不注水。

1970 年,为摸清油田高产稳产规律,王启民和科技人员一起又住进了中区西部试验区,进行调查、分析、比较以确定调整采取措施的井号层位，编制施工设计方案。

1991年初，在油田开发技术座谈会上，全油田科技工作者各抒己见，献计献策。王启民及时提出了"三分一优"结构调整原则和"挖液稳油"的新模式，经集体科学论证后，领导决定在全油田实施"稳油挖水"战略，并很快在全油田推广。

人才摇篮，科技产床——矿业高校

学校者，人才所由出；人才者，国势所由强。

——郑观应

▶▶矿业高教的肇始——中国矿业大学

你知道"最能折腾的大学"是哪所大学吗？有这样一所高校，建校 110 多年，可谓是颠沛流离，经历了 14 次搬迁，12 次易名，最后终于扎根徐州，得到了稳定发展，如今成了一所国字号的"双一流"大学，它就是中国矿业大学。

中国矿业大学作为当今全国唯一以矿业命名的特色鲜明的高水平大学，通过长期发展和建设，已经形成了以工科为主、以矿业为特色，理工、文管等多学科协调发展的学科专业体系和多科性大学的基本格局。在煤炭能源的勘探、开发、利用，资源、环境和生产相关的矿建、安全、测绘、机械、信息技术、生态恢复、管理工程等领域形成了优势品牌和鲜明特色。

❖❖❖矿业工程学院——采矿工程专业

矿业工程学院始于 1909 年焦作路矿学堂的矿务学门，已有百年办学历史。1933 年正式成立采矿冶金系，1952 年将清华大学、天津大学、唐山铁道学院等院校采矿系并入中国矿业学院采矿系。2000 年撤系建院，成立能源科学与工程学院，2007 年更名为矿业工程学院。

采矿工程专业已有百余年的办学历史，其前身最早可追溯到创建于 1909 年的焦作路矿学堂。人才培养模式分为卓越学术英才型和卓越工程师型，以及矿业国际班和智能采矿特色班，分别设绿色开采课组、露天开采课组、智能开采课组、地下工程课组、国际学习课组等专业方向。采矿工程专业是国家二类特色专业建设点、江苏高校品牌专业建设工程一期项目，2013 年通过全国工程教育专业认证。

❖❖❖化工学院——矿物加工工程专业

矿物加工工程专业培养矿物加工工程领域未来的"行业领袖和精英"、"领域内国际一流"、具有进取精神和"工程实践、创新创业和国际竞争"能力强、从事"科学研究、工程设计、技术管理、技术服务"等工程素养的高级工程技术人才和管理人才。该专业是我国首批国家特色专业、江苏省首批高等学校品牌专业和重点专业,并入选教育部"十二五"期间"专业综合改革试点"项目和第二批卓越工程师教育培养计划,"十三五"期间"新工科"研究与实践项目,通过中国工程教育专业认证。

▶▶北京科技大学

"举矿冶之星火,抚百年之国殇,奉科技以立校,育强国之栋梁"是对北京科技大学的最好诠释。这所坐落于燕都故郡的学校,是新中国建立的第一所钢铁工业最高学府。北京科技大学的历史可追溯至 1895 年北洋西学学堂创办的我国近代史上第一个矿冶学科。1952 年,学校由天津大学、清华大学等多所国内著名大学的矿冶系科组建而成,名为北京钢铁工业学院。1960 年,学校更名为北京钢铁学院,并被批准为全国重点高等学校。1984 年,学校成为全国首批正式成立研究生院的高等学校之一。
1988 年,学校更名为北京科技大学。1997 年 5 月,学校
首批进入国家"211 工程"建设高校行列。2006 年,学校成
为首批"985 工程"优势学科创新平台建设高校。2014 年,
学校牵头的,以北京科技大学、东北大学为核心高校的钢
铁共性技术协同创新中心通过国家"2011 计划"认定。
2017 年,学校入选国家"双一流"建设高校。2018 年,学
校获批国防科工局、教育部共建高校。目前,学校已发展
成为一所以工为主,工、理、管、文、经、法等多学科协调发
展的教育部直属全国重点大学。

❖❖❖资源工程系

　　资源工程系(原采矿工程系)是北京科技大学最早建
立的系所之一,其主干学科——采矿工程学科是国家级
重点学科。该系自 20 世纪 50 年代开始培养研究生,
1981 年被批准为全国第一批采矿工程学科博士学位授权
点,1986 年设立全国首批矿业工程博士后流动站,
1998 年获矿业工程一级学科博士学位授予权。2003 年,
经教育部批准,建立金属矿山高效开采与安全教育部重
点实验室。

北京科技大学资源工程系是我国矿业工程领域培养高层次人才和从事科学研究的主要基地之一。根据国家对矿业人才宽口径培养的要求,资源工程系的教学科研领域由原来的以金属矿山开采为主,正在逐步向煤炭和其他非金属矿山开采领域拓展。

❖❖❖矿物加工工程系

矿物加工工程学科的前身为选矿工程学科,是 1952 年建校之初最早成立的学科之一。北京科技大学矿物加工工程学科具有悠久的历史,在国内选矿界具有很高的知名度和重要的影响力。经过半个多世纪的发展,矿物加工工程学科已经从最初单纯的选矿工艺研究(向冶金、能源、化工提供原料和燃料的单一选矿工程技术),拓展成为涵盖选矿工程、矿物材料、矿物微生物、矿产资源高效清洁综合利用、矿业环境污染与防治等多项工程技术的学科新领域。

▶▶中国石油大学(北京)

中国石油大学(北京)是一所石油特色鲜明、以工为主、多学科协调发展的教育部直属全国重点大学,是设有研究生院的高校之一。1997 年,学校首批进入国家"211 工程"建设高校行列；2006 年，成为国家"985 工程"优势学科创新平台建设高校。2017 年，学校入选国家一流学科建设高校，全面开启建设中国特色世界一流大学的新征程。围绕石油石化产业结构，构建起由石油石化主体学科、支撑学科、基础学科和新兴交叉学科组成的石油特色鲜明的学科专业布局，实施了"攀登计划"、"提升计划"和"培育计划"，分别建设石油与天然气工程、地质资源与地质工程等石油石化主体学科，化学、材料科学与工程等支撑、基础学科，新能源、新材料和人工智能等新兴交叉学科。

❖❖石油工程学院

石油工程学院前身是 1953 年成立的北京石油学院石油钻采系。经过半个多世纪的不断建设和发展，学院已经成为我国石油钻井和油气田开发高层次专业人才的重要培养基地。学院下设油气井工程系、油气田开发工程系、工程力学系 3 个教学科研单位，以及管理公共实验平台的学院实验中心。学院现有两个一级学科：石油与天然气工程和力学。其中，石油与天然气工程学科为国家一级重点学科，是 1953 年学校成立时就设立的石油主干学科专业之一。学院的石油工程专业为国家级一流本科专业,在石油工程专业还设立了本科生"创新计划实验班"和"卓越工程师班"。

▶▶中国石油大学(华东)

中国石油大学(华东)是教育部直属全国重点大学,是国家"211工程"建设和开展"985工程"优势学科创新平台建设并设有研究生院的高校之一。2017年,学校入选国家一流学科建设高校。中国石油大学(华东)是教育部和五大能源企业集团公司、教育部和山东省人民政府共建的高校,是石油石化高层次人才培养的重要基地,被誉为"石油科技、管理人才的摇篮",现已成为一所以工为主、石油石化特色鲜明、多学科协调发展的大学。学科专业覆盖石油石化工业的各个领域,石油主干学科总体水平处于国内领先地位。

❖❖石油工程学院

石油工程学院是中国石油大学(华东)最早设立的主干院系之一,当前设置石油与天然气工程系、海洋油气工程系、船舶与海洋工程系,油气井工程研究所、油气开采工程研究所、油气藏工程研究所、油气田化学研究所、海洋油气与水合物研究所、智能油气田研究所,建设有实验

人才摇篮,科技产床——矿业高校

教学中心、公共测试中心、油气新一代信息技术交叉研发中心等教学科研单位。学院现有国家一级重点学科石油与天然气工程；一级学科船舶与海洋工程；国家二级重点学科油气井工程、油气田开发工程；二级学科海洋油气工程。

石油工程学院下设的本科专业有石油工程、船舶与海洋工程、海洋油气工程。

❖❖储运与建筑工程学院——油气储运工程专业

油气储运工程专业是中国石油大学（华东）石油主干专业之一，是我国第一个油气储运工程专业。1982年获得硕士学位授予权，1986年获得博士学位授予权，是我国第一个获得博士学位授予权的油气储运工程学科。2001年被评为国家重点学科，2008年被评为国家级特色专业，2012年获批建设国家级实验教学示范中心，2016年获批建设国家级虚拟仿真实验教学中心。

油气储运工程专业依托油气储运工程国家级重点学科，在师资队伍、教学资源、培养过程、学生发展和质量保障等各方面均得到了明显提高，为人才培养奠定了坚实基础。

▶▶西南石油大学

西南石油大学是新中国创建的第二所石油本科院校,是一所中央与地方共建、以四川省人民政府管理为主的高等学校。2013年,学校入选"国家中西部高校基础能力建设工程"。2017年,学校入选国家一流学科建设高校。

❖❖石油与天然气工程学院

石油与天然气工程学院源于1958年建校之初的地质钻采系,2013年更名为石油与天然气工程学院,现已发展成为国内一流、国际知名的油气上游领域人才培养、科学研究、社会服务和国际合作交流的重要基地,为国家输送了大量优秀本、硕、博毕业生。

学院现有石油工程、油气储运工程、海洋油气工程3个本科专业,其中石油工程、油气储运工程为国家特色专业;有石油与天然气工程一级学科博士、硕士学位授权点,流体力学二级学科硕士学位授权点,资源与环境(石油与天然气工程)工程专业硕士学位授权点,石油与天然气工程一级学科博士后科研流动站;有石油工程专业国

人才摇篮,科技产床——矿业高校

家级教学团队,石油与天然气工程国家级实验教学示范中心,油气开发国家级虚拟仿真实验教学中心,国家级大学生校外实践教育基地。

行业标杆，业界翘楚——知名矿业企业

> 救国为目前之急……譬之树然，教育犹花，
> 海陆军犹果也，而其根本则在实业。
>
> ——张謇

矿业是工业的基础工程，矿业企业也一直为服务于国家战略而存在，下面给大家介绍几家矿业行业的知名企业，它们也是未来矿业人才的主要就业方向。

▶▶煤电联营是范本——国家能源集团

国家能源集团，全称为国家能源投资集团有限责任公司，由中国国电集团公司和神华集团有限责任公司联合重组而成，于2017年11月28日正式挂牌成立，是国有

重要骨干企业、国有资本投资公司改革试点企业。国家能源集团是中华人民共和国成立以来中央企业规模最大的一次重组，是党的十九大后改革重组的第一家中央企业。拥有煤炭、火电、新能源、水电、运输、化工、科技环保、金融等 8 个产业板块，为国家在煤-电-路-港联营方面进行了创新性探索，提供了范本。

国家能源集团深入贯彻党的路线、方针、政策，坚持科技兴企、人才强企战略，科技创新产出成绩显著，知识产权实现快速增长，为建设具有全球竞争力的世界一流能源集团提供了有力的科技支撑。先后获得国家科技进步一等奖 3 项；中国专利金奖 4 项；国家科技进步二等奖 25 项。

国家能源集团是全球唯一同时掌握百万吨级煤直接液化和煤间接液化两种煤制油技术的公司，2020 年，位列《财富》世界 500 强第 108 位。

▶▶海外拓展显功夫——山东能源集团

山东能源集团，全称为山东能源集团有限公司，是山东省委省政府站在保障全省能源安全的战略高度，于

2020年7月将原兖矿集团和原山东能源集团联合重组成立的大型能源企业集团。山东能源集团以煤炭、煤电、煤化工、高端装备制造、新能源新材料、现代物流贸易为主导产业,是全国唯一拥有境内外四地上市平台的大型能源企业。

山东能源集团权属企业分布在山东、山西、陕西、内蒙古、新疆、贵州等十多个省(自治区)及加拿大、澳大利亚等国家和地区。2020年,山东能源集团位列《财富》世界500强第212位。

山东能源集团坚持以市场为导向、以效益为前提,积极进军风能、核能、太阳能、生物质能等新型能源领域,大力发展能源装备制造业,培育发展与主导产业相融合的现代服务业,创新发展煤化工等产业,立足山东、拓展国内、布局境外,聚力发展"六大主业",打造全球清洁能源供应商和世界一流能源企业,全面增强国有企业竞争力、创新力、控制力、影响力和抗风险能力,实现安全发展、内涵发展、转型发展、跨越发展。

▶▶钢铁巨人展新姿——宝武集团

宝武集团,全称为中国宝武钢铁集团有限公司,是国

行业标杆,业界翘楚——知名矿业企业

有重要骨干企业，是我国最大、最现代化的钢铁联合企业。2020年，宝武集团位列《财富》世界500强第111位。

宝武集团致力于通过技术引领、效益引领、规模引领，打造以绿色精品智慧的钢铁制造业为基础，新材料产业、智慧服务业、资源环境业、产业园区业、产业金融业等相关产业协同发展的格局，建立以"一基五元"战略业务组合为骨架，以产业互联网、大数据、人工智能等现代信息技术为支撑，以制造为基础，交易、物流、金融等功能协同配套的高质量钢铁生态圈，覆盖供应、制造、服务等三个主要环节，推进主动型战略合作和资本运作，整合连接外部资源。

宝武集团为员工提供钢铁及相关制造业与服务业、金融业、不动产及城市新产业等多种职业发展方向，延伸至包括IT、证券基金、互联网电商、不动产投资、国际贸易等多元化、多平台的广阔事业发展机会。通过内部职业流动的竞争性平台，员工可以得到充分的能力施展机会。公司在全球拥有众多海外事业平台，让员工在国际化舞台上历练成长。

▶▶ 世界石油巨子——中石油

中石油,全称为中国石油天然气集团有限公司,是国有重要骨干企业,是实行上下游、内外贸、产销一体化、按照现代企业制度运作,跨地区、跨行业、跨国经营的综合性石油公司。中石油是我国主要的油气生产商和供应商之一,是集油气勘探开发、炼油化工、销售贸易、管道储运、工程技术、工程建设、装备制造、金融服务于一体的综合性国际能源公司,在国内油气勘探开发中居主导地位,在全球 35 个国家和地区开展了油气业务。

2020 年,中石油在《石油情报周刊》世界 50 家最大石油公司综合排名中位居第三,在《财富》世界 500 强中位列第四。

▶▶ 为美好生活加油——中石化

中石化,全称为中国石油化工集团有限公司,是特大型石油石化企业集团,是国有独资公司,是我国最大的成品油和石化产品供应商、第二大油气生产商,是世界第一大炼油公司、第三大化工公司,加油站总数位居世界第二,在 2020 年《财富》世界 500 强中位列第二。

▶▶"珍惜有限，创造无限"——中国五矿

中国五矿，全称为中国五矿集团有限公司，由原中国五矿和中冶集团战略重组而成，是以金属矿产为核心主业、由中央直接管理的国有重要骨干企业，国有资本投资公司试点企业。2020 年，公司在《财富》世界 500 强位列第 92 位，总部位于北京。

中国五矿以"世界一流金属矿产企业集团"为愿景，积极践行"珍惜有限，创造无限"的企业理念，以"资源保障主力军、冶金建设国家队、产业综合服务商"为战略定位，勇担新时代党和国家赋予的崇高使命，率先在全球金属矿产领域打通了从资源获取、勘查、设计、施工、运营到流通、深加工的全产业链布局，形成了以金属矿产、冶金建设、贸易物流、金融地产为"四梁"，以矿产开发、金属材料、新能源材料、冶金工程、基本建设、贸易物流、金融服务、房地产开发为"八柱"组成的"四梁八柱"业务体系。

在金属矿产领域，中国五矿金属矿产资源储量丰富，共拥有境内外矿山 42 座，其中海外矿山 15 座，遍及亚洲、大洋洲、南美洲和非洲等地。

中国五矿是我国最大、国际化程度最高的金属矿业企业集团，是全球最大的冶金建设承包商和冶金企业运营服务商，是我国金属矿产领域唯一的国有资本投资公司。

参考文献

［1］ 袁永，屠世浩，陈忠顺，等.薄煤层智能开采技术研究现状与进展［J］.煤炭科学技术，2020，48（5）：6-22.

［2］ 杨军伟.采矿工程专业导论［M］.徐州：中国矿业大学出版社，2017.

［3］ 刘泽兵.固体矿产资源智能采矿技术发展综述［J］.当代化工研究，2019（5）：111-112.

［4］ 国家统计局，中国标准化研究院.GB/T 4754—2017 国民经济行业分类［S］.北京：中国标准出版社，2017.

［5］ 方原柏.金属矿山智能采矿技术的发展［J］.自动化博览，2018，35（11）：73-77.

[6]　连民杰,周文略.金属矿山智能化建设现状与管理创新研究[J].矿业研究与开发,2019,39(7):140-145.

[7]　吴玉伦.近代矿业工程教育之缘起[J].山西师大学报(社会科学版),2006,33(2):89-93.

[8]　韩福顺,王守刚,汪云甲.就业视域下测绘类专业多层次人才培养模式探讨:以中国矿业大学为例[J].测绘通报,2017(7):137-142.

[9]　邢立亭,徐征和,王青.矿产资源开发利用与规划[M].北京:冶金工业出版社,2008.

[10]　张雷.矿产资源开发与国家工业化:矿产资源消费生命周期理论研究及意义[M].北京:商务印书馆,2004.

[11]　国家自然科学基金委员会,工程与材料科学部.学科发展战略研究报告(2006年—2010年):矿产资源科学与工程[M].北京:科学出版社,2006.

[12]　彭渤.矿产资源学[M].北京:地质出版社,2014.

[13]　王国法,任怀伟,庞义辉,等.煤矿智能化(初级阶段)技术体系研究与工程进展[J].煤炭科学技术,2020,48(7):1-27.

[14]　张克非,李怀展,汪云甲,等.太空采矿发展现状、

机遇和挑战[J].中国矿业大学学报,2020,49(6):
1025-1034.

[15] 胡海凌.提速的矿业智能化[J].产城,2021(2):
64-65.

[16] 葛世荣,郝尚清,张世洪,等.我国智能化采煤技术
现状及待突破关键技术[J].煤炭科学技术,2020,
48(7):28-46.

[17] 罗承选.摇篮·龙头·旗帜:中国矿业大学与中国
煤炭高等教育的发展[J].中国矿业大学学报(社会
科学版),2009,11(3):1-5,20.

[18] 国家自然科学基金委员会工程与材料科学部.冶
金与矿业学科发展战略研究报告:2016—2020
[M].北京:科学出版社,2017.

[19] 滕玲.院士蔡美峰解析未来矿业三大主题[J].地
球,2018(12):40-43.

[20] 古德生.智能采矿 触摸矿业的未来[J].矿业装备,
2014(1):24-26.

[21] 胡英.智能化开采进展与发展趋势分析[J].现代工
业经济和信息化,2021,11(1):62-63,109.

[22] 李首滨.智能化开采研究进展与发展趋势[J].煤炭
科学技术,2019,47(10):102-110.

[23] 张元生,战凯,马朝阳,等.智能矿山技术架构与建设思路[J].有色金属(矿山部分),2020,72(3):1-6.

[24] 韩松.中国能源结构与产业结构发展现状及灰色关联关系研究[J].工程建设标准化,2020(7):69-79.

[25] 石亮,张善杰,刘晓琴.专利视角下的全球深海采矿技术发展态势分析与对策建议[J].情报探索,2019(4):41-51.

[26] 陆基孟.深化教学改革 迎接新世纪挑战:记石油高校教学改革十五年[J].石油教育,1998(10):7-9.

[27] 王志明,陈金国.石油泰斗:记中国科学院、中国工程院资深院士侯祥麟[J].中国石油企业,2005(7):109-113.

[28] 曾时田.奉献的人生:深切怀念全国著名钻井专家马兴峙同志[J].钻采工艺,2007(2):1-2.

[29] 犁痕.王德民:"啃下硬骨头"的石油院士[J].风流一代,2019(26):16-17.

[30] 中国石油天然气集团公司大庆油田有限责任公司.油气田开发工程专家:王德民[J].奋斗,2018(3):65.

[31] 万志军,屠世浩,徐营,等.智能采矿人才培养定位

及课程体系的构建[J].煤炭高等教育,2019(5)：77-82.

[32] 葛世荣.智能采矿创造更美好生活[Z/OL].(2020-04-24)[2021-04-27].https://k.cnki.net/CInfo/Index /4082.

[33] 金爱兵,赵怡晴,姜琳婧.传统优势非热门学科"新工科"建设[J].中国冶金教育,2019(4)：58-61.

[34] 任浏祎,刘建.矿物加工工程学科发展现状、机遇和挑战[J].广州化工,2019,47(9)：216-219.

[35] 周铸.智能矿山的真正模样[N].中国矿业报,2018-10-24(3).

[36] 龙裕伟.中国古代煤炭的开发利用[J].经济与社会发展,2018,16(4)：41-44,49.

[37] 赵腊平.一部矿产开发史也是一部矿业文明史[J].国土资源,2018(7)：58-61.

[38] 夏有为.实验室功能：发现知识传播知识(三)：访中国矿业大学葛世荣校长[J].实验室研究与探索,2017,36(9)：1-4.

[39] 刘桂馥,吴焕荣,钱振华.中国现代采矿领域的先驱者：对刘之祥先生在工程技术领域贡献的追述[J].北京科技大学学报(社会科学版),2014,30(2)：

1-11.

[40] 邹放鸣.从焦作路矿学堂到中国矿业大学:西北联大与矿大精神[J].中国矿业大学学报(社会科学版),2013,15(4):5-16,53.

[41] 刘之昆.吴仰曾　终身为国兴矿业[J].中华儿女,2012(4):86-89.

参考文献

"走进大学"丛书拟出版书目

什么是机械？　邓宗全　中国工程院院士
　　　　　　　　　　哈尔滨工业大学机电工程学院教授（作序）
　　　　　　　王德伦　大连理工大学机械工程学院教授
　　　　　　　　　　全国机械原理教学研究会理事长

什么是材料？　赵　杰　大连理工大学材料科学与工程学院教授
　　　　　　　　　　宝钢教育奖优秀教师奖获得者

什么是能源动力？
　　　　　　　尹洪超　大连理工大学能源与动力学院教授

什么是电气？　王淑娟　哈尔滨工业大学电气工程及自动化学院院长、教授
　　　　　　　　　　国家级教学名师
　　　　　　　聂秋月　哈尔滨工业大学电气工程及自动化学院副院长、教授

什么是电子信息？
　　　　　　　殷福亮　大连理工大学控制科学与工程学院教授
　　　　　　　　　　入选教育部"跨世纪优秀人才支持计划"

什么是自动化？王　伟　大连理工大学控制科学与工程学院教授
　　　　　　　　　　国家杰出青年科学基金获得者（主审）
　　　　　　　王宏伟　大连理工大学控制科学与工程学院教授
　　　　　　　王　东　大连理工大学控制科学与工程学院教授
　　　　　　　夏　浩　大连理工大学控制科学与工程学院院长、教授

什么是计算机？嵩　天　北京理工大学网络空间安全学院副院长、教授
　　　　　　　　　　北京市青年教学名师

什么是土木工程？李宏男　大连理工大学土木工程学院教授
　　　　　　　　　　教育部"长江学者"特聘教授
　　　　　　　　　　国家杰出青年科学基金获得者
　　　　　　　　　　国家级有突出贡献的中青年科技专家

什么是水利？　张　弛　大连理工大学建设工程学部部长、教授
　　　　　　　　　　　教育部"长江学者"特聘教授
　　　　　　　　　　　国家杰出青年科学基金获得者

什么是化学工程？
　　　　　　　　贺高红　大连理工大学化工学院教授
　　　　　　　　　　　　教育部"长江学者"特聘教授
　　　　　　　　　　　　国家杰出青年科学基金获得者
　　　　　　　　李祥村　大连理工大学化工学院副教授

什么是地质？　殷长春　吉林大学地球探测科学与技术学院教授（作序）
　　　　　　　曾　勇　中国矿业大学资源与地球科学学院教授
　　　　　　　　　　　首届国家级普通高校教学名师
　　　　　　　刘志新　中国矿业大学资源与地球科学学院副院长、教授

什么是矿业？　万志军　中国矿业大学矿业工程学院副院长、教授
　　　　　　　　　　　入选教育部"新世纪优秀人才支持计划"

什么是纺织？　伏广伟　中国纺织工程学会理事长（作序）
　　　　　　　郑来久　大连工业大学纺织与材料工程学院二级教授
　　　　　　　　　　　中国纺织学术带头人

什么是轻工？　石　碧　中国工程院院士
　　　　　　　　　　　四川大学轻纺与食品学院教授（作序）
　　　　　　　平清伟　大连工业大学轻工与化学工程学院教授

什么是交通运输？
　　　　　　　　赵胜川　大连理工大学交通运输学院教授
　　　　　　　　　　　　日本东京大学工学部 Fellow

什么是海洋工程？
　　　　　　　　柳淑学　大连理工大学水利工程学院研究员
　　　　　　　　　　　　入选教育部"新世纪优秀人才支持计划"
　　　　　　　　李金宣　大连理工大学水利工程学院副教授

什么是航空航天？
　　　　　　　　万志强　北京航空航天大学航空科学与工程学院副院长、教授
　　　　　　　　　　　　北京市青年教学名师
　　　　　　　　杨　超　北京航空航天大学航空科学与工程学院教授
　　　　　　　　　　　　入选教育部"新世纪优秀人才支持计划"
　　　　　　　　　　　　北京市教学名师

什么是环境科学与工程?

　　陈景文　大连理工大学环境学院教授
　　　　　　教育部"长江学者"特聘教授
　　　　　　国家杰出青年科学基金获得者

什么是生物医学工程?

　　万遂人　东南大学生物科学与医学工程学院教授
　　　　　　中国生物医学工程学会副理事长(作序)

　　邱天爽　大连理工大学生物医学工程学院教授
　　　　　　宝钢教育奖优秀教师奖获得者

　　刘　蓉　大连理工大学生物医学工程学院副教授
　　齐莉萍　大连理工大学生物医学工程学院副教授

什么是食品科学与工程?

　　朱蓓薇　中国工程院院士
　　　　　　大连工业大学食品学院教授

什么是建筑?　齐　康　中国科学院院士
　　　　　　　东南大学建筑研究所所长、教授(作序)

　　唐　建　大连理工大学建筑与艺术学院院长、教授
　　　　　　国家一级注册建筑师

什么是生物工程?

　　贾凌云　大连理工大学生物工程学院院长、教授
　　　　　　入选教育部"新世纪优秀人才支持计划"

　　袁文杰　大连理工大学生物工程学院副院长、副教授

什么是农学?　陈温福　中国工程院院士
　　　　　　　沈阳农业大学农学院教授(作序)

　　于海秋　沈阳农业大学农学院院长、教授
　　周宇飞　沈阳农业大学农学院副教授
　　徐正进　沈阳农业大学农学院教授

什么是医学?　任守双　哈尔滨医科大学马克思主义学院教授

什么是数学?　李海涛　山东师范大学数学与统计学院教授
　　　　　　　赵国栋　山东师范大学数学与统计学院副教授

什么是物理学?　孙　平　山东师范大学物理与电子科学学院教授
　　　　　　　　李　健　山东师范大学物理与电子科学学院教授

什么是化学?	陶胜洋	大连理工大学化工学院副院长、教授
	王玉超	大连理工大学化工学院副教授
	张利静	大连理工大学化工学院副教授
什么是力学?	郭　旭	大连理工大学工程力学系主任、教授
		教育部"长江学者"特聘教授
		国家杰出青年科学基金获得者
	杨迪雄	大连理工大学工程力学系教授
	郑勇刚	大连理工大学工程力学系副主任、教授
什么是心理学?	李　焰	清华大学学生心理发展指导中心主任、教授(主审)
	于　晶	辽宁师范大学教授
什么是哲学?	林德宏	南京大学哲学系教授
		南京大学人文社会科学荣誉资深教授
	刘　鹏	南京大学哲学系副主任、副教授
什么是经济学?	原毅军	大连理工大学经济管理学院教授
什么是社会学?	张建明	中国人民大学党委原常务副书记、教授(作序)
	陈劲松	中国人民大学社会与人口学院教授
	仲婧然	中国人民大学社会与人口学院博士研究生
	陈含章	中国人民大学社会与人口学院硕士研究生
		全国心理咨询师(三级)、全国人力资源师(三级)
什么是民族学?	南文渊	大连民族大学东北少数民族研究院教授
什么是教育学?	孙阳春	大连理工大学高等教育研究院教授
	林　杰	大连理工大学高等教育研究院副教授
什么是新闻传播学?		
	陈力丹	中国人民大学新闻学院荣誉一级教授
		中国社会科学院高级职称评定委员
	陈俊妮	中国民族大学新闻与传播学院副教授
什么是管理学?	齐丽云	大连理工大学经济管理学院副教授
	汪克夷	大连理工大学经济管理学院教授
什么是艺术学?	陈晓春	中国传媒大学艺术研究院教授